中国高等院校摄影专业系列教材

数字影像基础

赵莉 著

PREFACE

序言

数字影像将影响和改变人类生活

数字是一个多元的意义和象征，他所表达的是无所不能。

数字原来是纯数学和理科的概念，但是，今天的数字代表了技术和生活的全部，无论是在什么领域，数字和数字技术，彻底改变了人类传统的生活方式和思维方式。

现代摄影的数字化影像对于传播、媒体、交流产生了决定性的影响，又彻底改变了传统媒体运作的形式和传播的形式，数字及其技术强调的是生活和思维的无限主义，带来的是社会传播和影响的自由主义和多元主义。

数字使人类进入了后技术时代、后工业时代和后现代社会，也建构了 21 世纪社会、文化体系的核心形式与关键内容。

现代科技以及数字技术已经进入了社会生活的各个领域，特别是以数字影像构成的主流媒体内容，已经在改变社会生活的形式和内容，开始出现从物质到文化，从内容到精神的变化，影像的东西有利于成为我们表达思想和精神的有利媒介形式。数字化影像是现代科技的产物，为我们的媒体注入、编织起更加感知、理性的世界，媒体技术与媒体艺术也成为了我们生活的重要组成部分。

今天，影像正以强有力的态势介入、包围和控制人们的日常生活，人们时时刻刻、不知不觉地与影像世界共生、共存。作为数字技术构成的影像内容，已经成为人们对世界的一种了解、沟通、表达的方式，甚至是影响和改变社会某种思想和体系的变革力量。因此，我们可以毫不夸张地说，数字影像已经渗透到社会的各个方面，也是建构 21 世纪社会文化体系的主流脉搏。

从 20 世纪 70 年代开始，数字技术开始出现了端倪，并迅速在各个领域及媒体、艺术等各个方面开始运用，尤其是在摄影、电影、电视制作中的应用，对其传播和对社会产生了根本的影响，数字技术在工业及其他方面的应用，对人类和社会产生了颠覆性地取代和影响。我们现在可以清醒地看到，21 世纪将是数字影像和数字生活的时代。

本系列教材从策划、论证、写作、出版，是目前国内为数不多的可以运用到现代高等教育“摄影专业”的实用教材。以全新的思维观念和知识结构，从社会、变化、时代角度，研讨由于数字及其技术的出现所带来的影像变化和观念变化。站在一个比较高的视点，探讨数字技术的出现，进行数字与摄影技术、摄影观念、摄影实际的研究，特别是对当下社会各个领域和媒体领域数字影像技术、数字摄影技术与艺术创作的结合方面进行梳理，着力探讨数字技术条件下的摄影发展和媒体艺术，力图在文字的写作和出版的内容中，用深入浅出的语言、实例、论述，对各个方面的内容和涉及数字摄影技术的各门课程加以经验总结。本系列教材主编陈华沙教授以理念独特，观点新颖，试图达到对已经开展数字化摄影课程的内容进行衔接，尤其是强调技术的实用性和观念的创新性，注重强调理论对实践的直接指导，力求理论联系实际的科学意义。本书的特色在于能够积极把握当前数字摄影和媒体传播的时代性、方向性，用最新的观念引导开展摄影技术、数字技术教学实践，书中的内容和教学方法操作性强，能够以最快的速度帮助学生掌握摄影技术与艺术表现的同时，又掌握各门课程的学习方法和具体应用。

全国政协委员
中国电影家协会 副主席
北京电影学院 院长 / 博士生导师 / 教授

TEACHING PROCESS

教学进程安排

章节	课程内容	课时
数字影像技术基础		100（总）
数字影像基础知识	数字影像的范畴 / 数字影像系统 / 数字影像的特点与优势	10
数字影像的输入	数字相机成像 / 扫描仪成像 / 网络图片库 / 技术指标及样稿的审查	10
数字影像的后期处理	亮度调整 / 宽容度调整 / 色彩的调整和修饰 亮度、色彩与反差 / 选区与抠图 / 锐化和降噪	60
数字影像的输出	图像输出设备的分类 / 输出质控应用	10
色彩管理	色彩管理的目的与意义 / 色彩管理的原理与方法	10
数字影像创作基础		100（总）
多媒介的影像创作方式	数字摄影 / 实物扫描 /CG 图像 / DV 静帧影像 / 综合媒体	20
数字技术和艺术	数字影像的三种基因 / 数字影像观念化的创作语法 / 数字影像的存在价值	80

CONTENTS

目录

INTRODUCTION
概述

历史进步中每一项新的技术变革，都推动着新的艺术观念或艺术运动的产生。本书对于数字影像的探讨范围，不囿于纯技术性的知识，而是希望立足于当代数字影像艺术的广义范畴，从数字技术出发引申新的影像创作思维和方式。

本书分为两个部分，第一部分为技术基础，授课对象为本科二年级学生。主要针对数字化后期的整个流程，围绕数字影像输入、调整、输出各环节，在图像处理技术以及影像质量监控等问题上着重进行了介绍。第二部分为专业创作基础，授课对象为本科三年级学生。强调在当代影像的广义背景下，数字技术作为一种创作方法的诸多可能性，探讨了数字技术与艺术的问题，使受众能在当代视觉文化中获得正确的创作观念和评判标准，更好地实现数字影像在当今影像艺术中的价值。

本书适合广大摄影专业人士和摄影艺术爱好者阅读参考。

第一部分
数字影像技术基础

目标:通过学习，使学生从数字影像的技术应用出发，熟悉并掌握数字影像从输入、后期处理、输出和色彩管理整套流程中的重要知识和技术手段，对影像在各个环节的质控具备一定的专业水准和能力。

第一章 数字影像基础知识

目标：通过对本章的学习，学生可了解当代数字影像的范畴、基本概念以及媒介特质，明晰数字影像质控的主要因素，对当今摄影数字化的优势和整个流程有初步的了解。

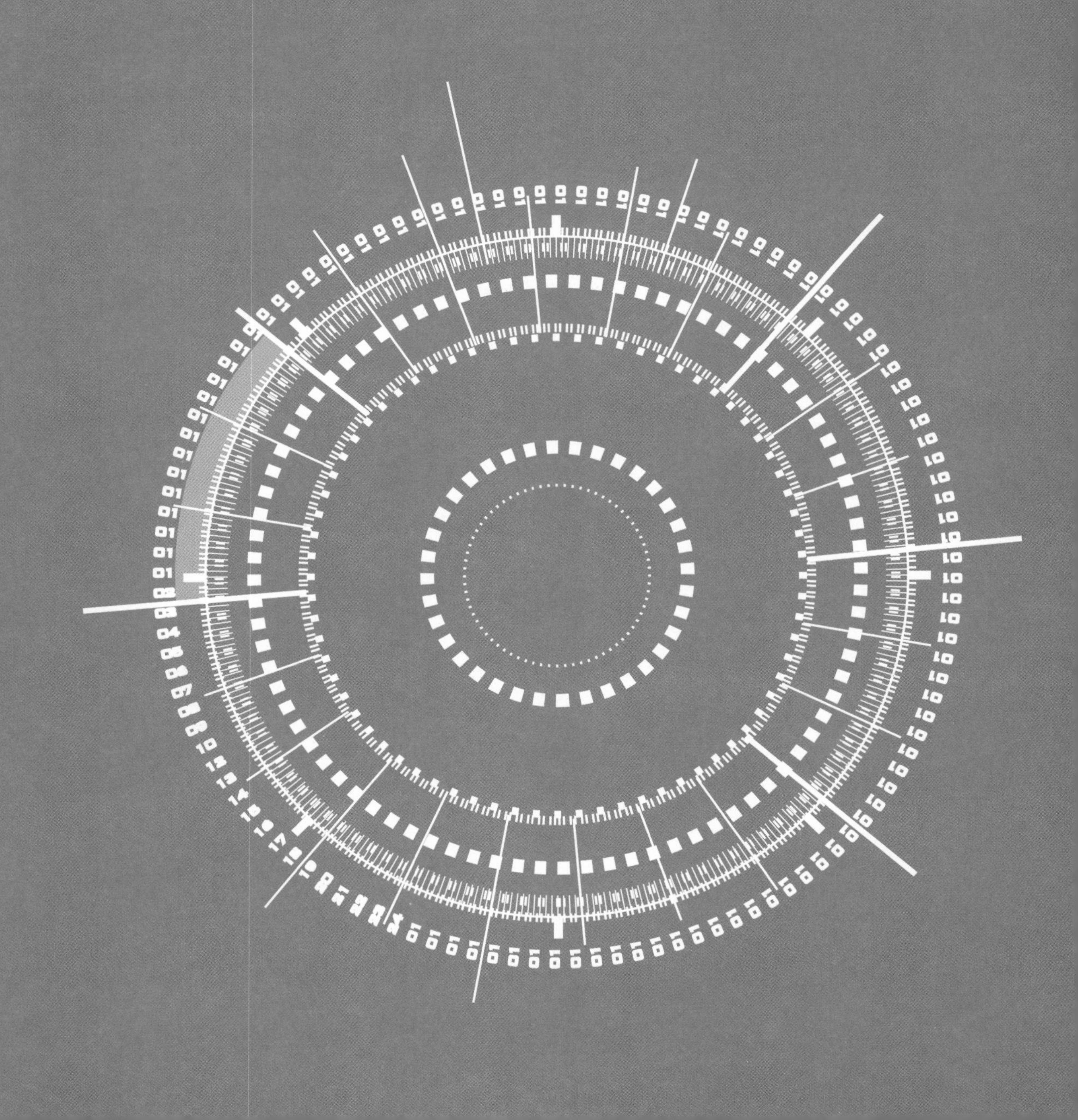

第一节 数字影像的范畴

数字影像，首先，根据其记录媒介的不同，可分为静态数字影像与动态数字影像。本书讨论的范畴，主要界定为静态的数字影像。从广义上来讲，数字影像是数字化技术与新媒体艺术融合的一种创作形态，它以电子为介质，通过多种媒介来实现，包括数字摄影、电子扫描、DV 静帧图像，甚至三维造像等。狭义上讲，指摄影的数字化，也即数字摄影，指通过数字相机或数字拍摄器材获取影像，是相对传统摄影过程而言的整套数字化流程。

本书所涉及的数字影像知识内容，第一部分（数字影像技术基础）围绕影像输入、后期处理、影像输出的整个流程来展开知识传授，对高端的后期影像处理手段有较为详尽的讲解，以便读者能针对数字影像后期有更为深入的应用；第二部分（数字影像创作基础）重点界定在数字新媒体影像，从数字影像的内在基因特质出发，探讨利用多种数字媒介进行影像创作的可能性，使当代图像世界和视觉文化景观的边界得以多元性地拓展。

第二节 数字影像系统

图1–1 数字影像系统流程图

一、数字影像系统的构成

数字影像系统的基本技术流程，大致分为影像获取、后期处理、影像输出几个环节，了解整个流程对于我们理清技术脉络，轻松进入数字操作有着积极的意义。下面我们参照图示进行初步的介绍，具体内容在本书后面各章节进行详解。（图 1–1）

（1）影像获取的环节：我们根据原稿的类型把原稿分为透射稿和反射稿两大类，它们分别通过胶片相机和现成的图片而获得，通过平板扫描、滚筒扫描或电分扫描的方式获得电子文件，或者通过数码相机、数码机背的拍摄直接获得电子文件，同时网络图片库也是获得电子文件的另一种途径。

（2）数字后期处理的环节：对获得的电子文件进行数字后期的修饰和处理，得到理想的电子文档。

（3）影像输出的环节：针对照片的不同用途，选择相应的输出设备。通过数字输出设备或印刷设备得到不同输出介质的成品。

二、数字影像系统的基本概念

1. 位图（Bitmap）

位图是使用像素阵列来表示的图像，像素是位图最小的信息单元。数字相机、扫描仪等数字影像输入设备所产生的数字影像都是位图。位图也称为“位图图像”、“点阵图像”、“数据图像”、“数字图像”。与矢量图像相比，位图具有色彩层次丰富、图像逼真，但缩放和旋转易失真、文件容量较大的特点。（图 1–2、1–3 ）

2. 像素（Pixel）

像素是用来组成数字影像的最小单位。我们若把影像放大若干倍，会发现影像的阶调由若干色彩相近的小方块构成，每个像素具有各自特定的位置值和颜色值，它们分别提供了像素的位置和颜色信息，因此当这些数据集合排列，就能得到一幅图像的数字文件。位图图像质量是由单位长度内像素的多少来决定的。单位长度内像素越多，分辨率越高，图像的效果越好。

图1–2 位图图像层次丰富，放大后会呈现单元像素点

图1–3 矢量图像层次单一，无限放大后不会失真

图1-4 一位色深图,表示单通道只有黑、白两种亮度级别

图1-5 二位色深图，表示单通道可有四种亮度级别

图1-6 24位色深的效果，色彩逼真、层次分明

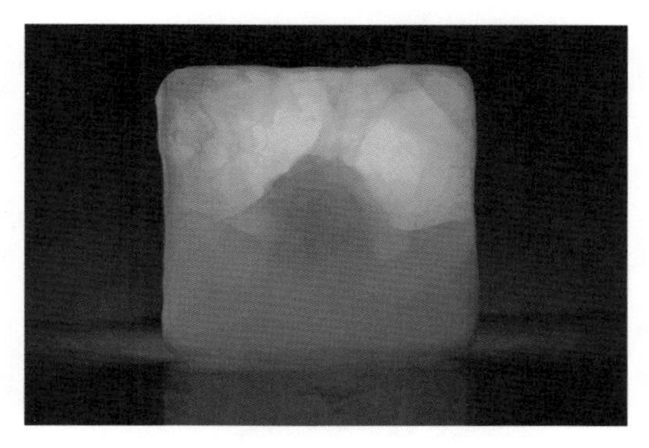

图1-7 4位色深的效果，色彩失真、层次与细节受损

3. 色深（Color Depth）

色深也称之为色位深度，是指每个像素点上颜色的数据位数（bit），常用有1位（单色）、2位（4色）、4位（16色）、8位（256色）、16位、24位（真彩色）、32位等，其储存色彩的表现见下表。在RGB模式的位图图像里，每个像素的色彩由红、绿、蓝三色通过不同的亮度数值组合而构成，每个单色的亮度变化导致组合后像素最终的色彩变化。因此，各单色的亮度可变范围就决定了这个像素的色彩变化（图1–4、1–5）。以24位为例，表示RGB每原色用8位二进制数据（2的8次方），最多可表达256级浓淡，从而可以再现256×256×256 = 16777216种颜色。色彩级数越多，图像就越真实，画面亮部与暗部的层次就还原得越好。色深和分辨率一样对图像质量起着重要的作用（图1–6、1–7）。当图像在达到一定像素值后，色深甚至比像素值对图像质量的影响还要大。

不同色深所对应的色彩储存表现一览表：

色深	1位	2位	4位	8位	16位	24位	32位
颜色数	2^1= 2种色彩	2^2= 4种色彩	2^4=16种色彩	2^8=256种色彩	2^{16}=65536种色彩	2^{24}=1677万种色彩和256级灰度	2^{24}=1677万种色彩和4096级灰度

4. 色域（Color space）

色域又称为色彩空间，它表示一个色彩影像在色彩模型中的形态和大小情况。比如 RGB 色彩模式中，就有 Adobe RGB、AppleRGB、SRGB 和 ProPhoto RGB 等多种色彩空间可以与之对应，这些色彩空间多与显示器、数字相机、扫描仪以及输出设置相关联。

SRGB：是数字相机中唯一可用的两种色彩设置之一，在四个主要色彩空间中色域范围最小，适合非专业用途的照片制作和网络应用。通用性好，是微软公司联合惠普公司、Epson 公司开发的一种标准方法，用以反映普通 PC 机显示器色彩特征的色彩空间，是一些低端扫描仪、打印机、数字相机和软件的标准预置色彩空间。

Adobe RGB：Adobe 公司为适合严谨的专业输出和商业印刷的要求，开发的一种标准色彩空间文件，也是目前世界上所有彩色数字影像记录设备厂商所公认且共同使用的一种新工业标准。相比 SRGB，它具有更为宽广的色彩空间，是数字相机中唯一可用的两种色彩设置之一。目前大多专业数字相机、扫描仪均在其系统中嵌入了 Adobe RGB（1998）的标准设置，故可以很方便地在 Adobe 公司的图像软件中保持色彩一致。

Apple RGB：为兼容老式 Apple 显示器以及处理由低版本的 Photoshop 软件设计的图像而保留的一种色彩空间。对于不使用老式 Apple 显示器和低版本 Photoshop 软件的用户，不建议使用这种色彩空间。就目前的硬件技术而言，在苹果机上，也应选用 Adobe RGB（1998）来完成要求较高的图像处理工作。

ProPhoto RGB：是所有色彩空间中能被我们利用的最大空间。根据摄影界色彩管理权威著作《现实世界的颜色管理》一书的作者布鲁斯·法瑟称："柯达开发的 ProPhoto RGB 更适合专业用户——当然，所占空间也最大。"运用 ProPhoto RGB 必须拍摄 RAW 格式，应用于高分辨率数字后背、高端专业数字相机。

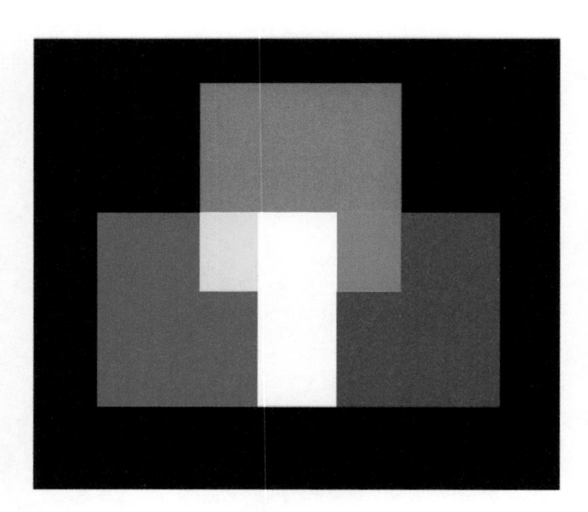

图1-8 RGB加色混合色彩模式

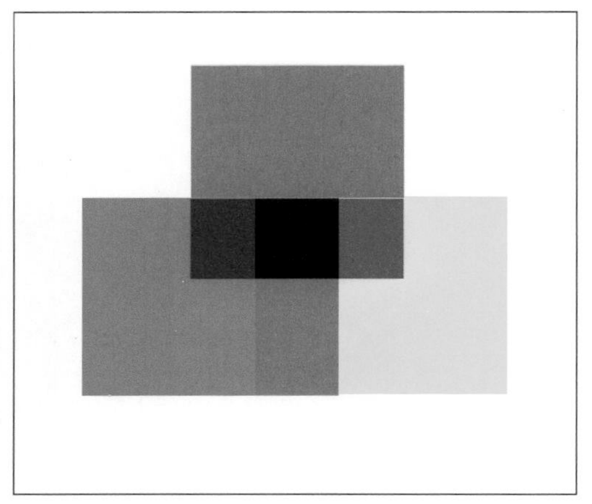

图1-9 CMYK减色混合色彩模式

5. 色彩模式

色彩模式是数字世界中表示颜色的一种算法。一种色彩模式可以对应不同的色彩空间。常见的色彩模式有：RGB、CMYK、LAB、HSB、位图模式、灰度模式等。

RGB：加色混合色彩模式，基于三原光红、绿、蓝叠加产生白光的光学色彩原理成色，在发光体如彩色显示器、电视机中，光线从暗黑开始不断叠加产生颜色。对应的是彩色图片类型，三通道 48 位色深，适用于高质量彩色照片。（图 1–8）

CMYK：减色混合色彩模式，当光线照射到一个物体上时，这个物体将吸收一部分光线，并将剩下的光线进行反射，反射的光线就是我们所看见的物体颜色，这就是减色色彩模式，即在白光中减去某色。它描述的是在一种白色介质（纸张、页面等）上使用何种油墨，通过光的反射来显示出图像色彩。对应的是彩色图片类型，四通道 64 位色深，适用于印刷高质量彩色照片。（图 1–9）

LAB：是由国际照明委员会（CIE）公布的一种色彩模式。理论上包括了人眼可以看见的所有色彩。L 是亮度通道，A 和 B 是颜色通道，A 代表从绿到红，B 代表从蓝到黄。对应的是彩色图片类型，三通道无限色深，拥有最大的色彩空间，适用于系统间的色彩转换。

HSV（HSB）：是基于人体视觉系统的色彩模式。H 表示色相、S 表示饱和度、V（B）表示明度，这是基于传统颜料色彩系统描述色彩的模式，能够使用户相对直观地理解数据参数。

位图（Bitmap）：指只有黑色和白色两种像素组成的图像。对应黑白的图片类型，为单通道 1 位色深。适用于高反差木刻效果的黑白照片或铅笔画的扫描对象。

灰度（GrauScale）：对应黑白的图片类型，单通道 8 位色深。适用于连续色调的黑白照片。

索引色（Indexed）：对应彩色图片类型，单通道 8 位色深，单张图片最多只能储存 256 种色彩，适用于低质量照片。

三、影响数字影像质量的主要因素

前述章节我们针对数字影像的一些概念进行了解释，下面我们围绕这些概念，来探讨影响数字影像品质的主要因素有哪些，这对我们进入数字影像系统的预处理环节有着决定性的意义。因为往往由于前期错误的预设，会导致后期不可挽回的损失。

1. 图像大小和分辨率

总像素数是衡量数字影像图像大小和质量优劣的关键因素。总像素值决定了图像中像素的多少，同样面积的图像，像素越多图像就越细腻，分辨率就越高。在像素不变的情况下，图像面积越小，像素就越多，分辨率也越高。当我们放大图像时，图像的每一像素均被放大，像素点减少，因此图像面积大而总像素值小；而缩小图像时，随着每一像素的缩小，像素点增加，图像面积缩小而总像素值大。总像素数由图像的长短边构成，总像素数 = 长边像素数 × 短边像素数，当我们要输出照片时，照片最大冲印尺寸就是长边的像素数除以分辨率。如果用 300dpi 输出分辨率冲印 200 万像素（1600 × 1200）的相片，就把 1600 除以 300，得出 5 × 3 寸（即 3R 尺寸）的照片，以此类推。（图 1–10）

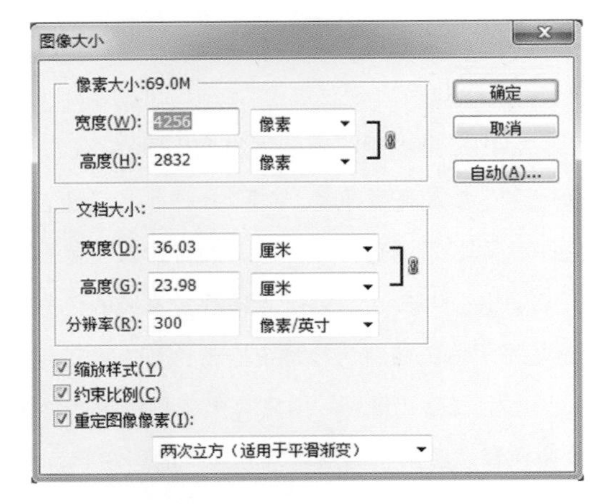

图1–10 图像大小和分辨率

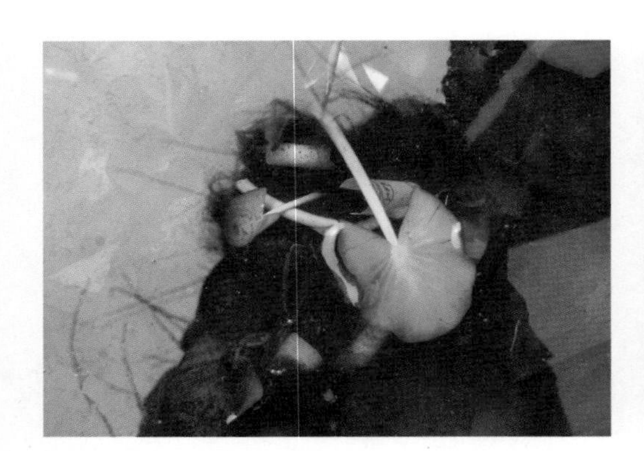

图1–11 较低动态范围

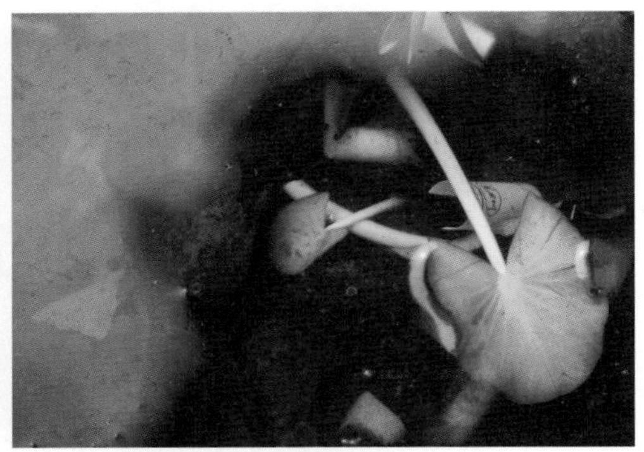

图1–12 较高动态范围

2. 动态范围

动态范围指在硬件范围内一件器材设备还原色彩的能力，具体指器材区分亮度级别与色彩的还原能力。图 1–11 是用较低动态范围的数字相机所拍摄，背景的亮部区域缺少层次，色彩还原不够准确。图 1–12 是用较高动态范围的数字相机所拍摄，背景亮部区域层次表现不错，色彩还原也更真实。

3. 图片文件格式

文件格式是专门用于记录数字影像的方法与规则，以便供各种软件与设备加以识别与处理。有的是专门针对某一操作系统、应用软件和数字影像类型而制定的。数字影像最常见的文件格式有几十种，主要针对静态图片的格式详见列表。图片格式与图片质量息息相关，主要包括色彩模式、色深和压缩方法几个方面：

◎ 色彩模式和色彩空间、色深和色宽是一组统一概念而匹配不同对象的称谓。一个图片文件的色彩模式决定了色深，而图片处理硬件中的色彩空间决定色宽。因此，一张图片色彩总体的还原能力取决于软件决定的色深和硬件决定的色宽。

◎ 不同的图片格式不仅具有不同的色深大小，还使用了不同的压缩比，图片格式的压缩方法分为有损压缩和无损压缩，我们一旦采用相应的文件格式来压缩图片后，也决定了最终的图片质量，因此我们要根据图片最终的使用目的来决定格式。高档印刷建议用 TIFF 储存，网络传输或喷墨打印、数字彩扩可以使用 JPEG 格式。图片后期修饰的中间状态用 PSD 格式储存。图像尺寸低于所需值会导致输出质量的不合格，高于所需值也会成为磁盘空间和传输的负担。

数字影像常用格式列表：

图片格式	最大色深	压缩方法	文件格式特性	适用范围
TIFF	48 位（16×3）	无损、有损压缩均可	高质量，占用存储量大，支持 RGB、CMYK、Lab 色彩模式	摄影与印刷
PSD	无限	无损压缩	Photoshop 图片格式，可保留图片处理的过程，支持 RGB、CMYK、Lab、位图等色彩模式	摄影与印刷
JPEG	24 位（8×3）	有损压缩	可变压缩比，灰度支持 RGB、CMYK 色彩模式	摄影、印刷、网络图片
Gif	8 位	无损压缩	低分辨率，也可用于数字相机拍摄动态影像，支持索引色颜色模式	网络图片与动态视频
RAW	48 位（16×3）	无压缩	数字相机专用原始数据文件，RGB 色彩模式	摄影

第三节 数字影像的特点与优势

一、色彩的真实还原

在传统彩色摄影中，还原真实的色彩依赖于胶片的属性，而胶片模拟数据的随机特征和生产工艺的客观条件决定了其三条特性曲线无法做到真正意义上的完全重合（图1–13），此外后期冲洗、扫描电分误差等因素都会限制完全真实地再现色彩。在硬件上，由于无法实行统一化的色彩管理和工艺标准，即使是同一张底片的多次冲洗，也很难保证完全一致的外观。而数字影像的输出只要保证设备间一致的色彩控制，就可以轻松地达到完全一致，甚至突破了时间与地域的局限。由于无法做到完全的色彩平衡，不同品牌的胶片因设计理念的不同会呈现不同的特点与属性。有的偏重于色彩饱和度，有的偏重于色彩平衡的真实性，有的偏重中性灰的还原等等。但是我们实际表达色彩的需求却远远不止这些，这就为真实还原我们的色彩经验制造了局限。而数字曲线不受胶片生产工艺的局限，它是用完全精确的数学方法编制而成，我们可以轻松地将数字影像的三条曲线重合，这样的特性曲线意味着最完美的色彩平衡与色彩还原能力。在软件上，我们在实际应用中还可以根据需要在不同的色彩模式中进行转换，依赖精确的数据，实现不同色彩模式中色彩之间的相互对应。每一种可以被描述的自然色彩，都可以在数字影像的数据中找到它相对应的数据。数字影像完全具备真实还原人类视觉经验的能力。

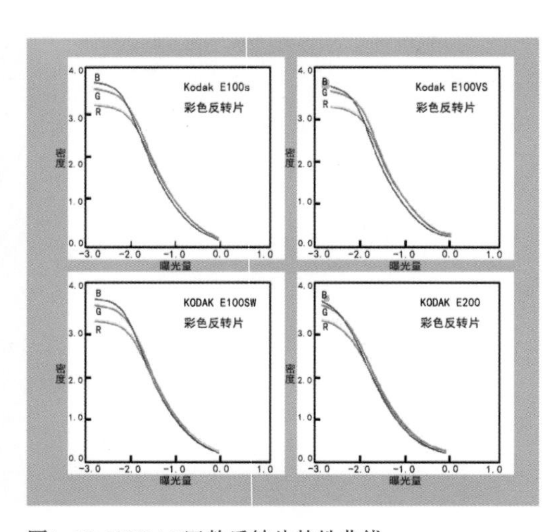

图1–13 KODAK四款反转片特性曲线

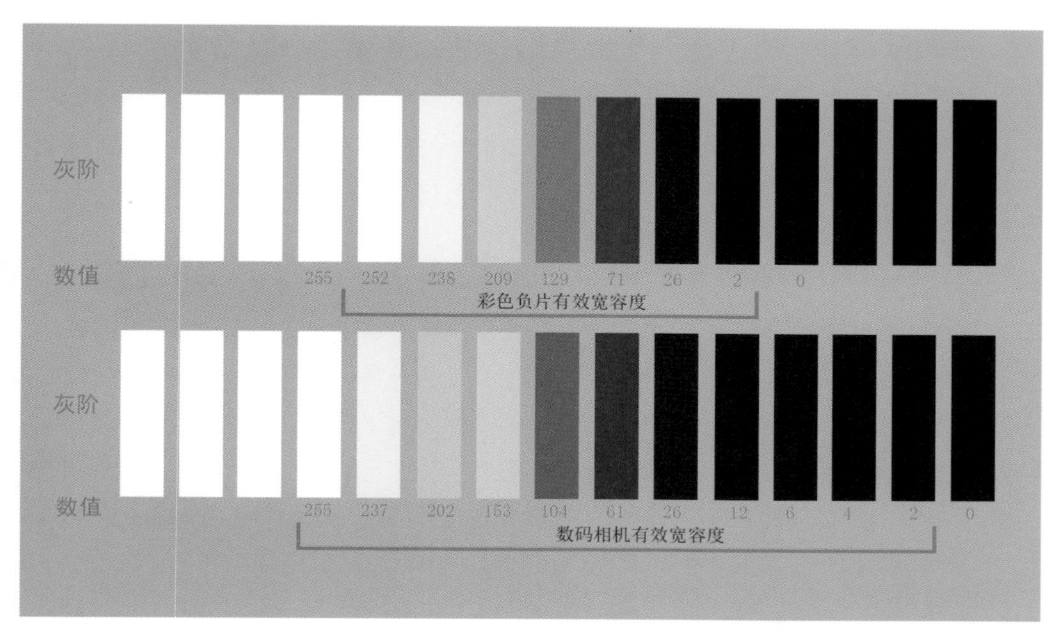

图1-14 数字相机与胶片有效宽容度对比示意图

二、宽容度

宽容度指的是景物被记录的最大和最小的亮度范围。它决定了一幅作品的影调层次，主要受到被摄体的亮度范围、曝光精确性、显影时间等因素的影响。影调范围的层次表现一直是我们衡量一幅照片品质最重要的标准之一，我们知道黑白胶片的宽容度为 7 个区域，亚当斯对摄影的贡献在于，能通过影调分区系统把黑白胶片的 7 个区域扩展到 10 个区域，从而记录更多的影像层次。而数字影像在拍摄对象具有 10 级层次的前提下，通过优良的前期拍摄，无需调整就可以获得 10 个区域范围。

我们针对胶片与数字的宽容度，在相同拍摄条件下对标准白纸进行实拍 15 级灰阶的实验对比。图 1-14 上栏用彩色胶片拍摄，下栏采用全画幅数字相机拍摄。从图中我们可以看到数字相机的宽容度要高于胶片，尤其是暗部的级差优势更为明显，显示了极好的记录能力。如果遇到高反差的景物，我们运用 HDR 高动态影像合成，更可以把影像的宽容度加以扩展，达到 10 级以上。

三、清晰度

数字影像的采集有其自身的规律，不同于传统的胶片。传统的胶片记录图像信息直接，具有一步到位的特性，故影像采集上需要较高反差和较高饱和度使照片呈现明锐、高清晰度的特质。而数字照片的图像采集具有自身的规律：图像的高反差必定会使感光特性曲线角度变陡，从而导致层次的变少；高饱和度的影像相对应的波峰窄，影像过渡层次变少；除此以外还要在技术上避免出现恼人的“摩尔条纹”。因此数字相机拍摄的原片往往具有反差低、颜色灰暗等现象，而这并非最终的面目，相反，数字影像采取低反差、低饱和度的采集策略是为了获得更丰富的影像层次和色彩信息，通过后期的调整，最终能够还原出与原始图片截然不同的图像品质。这也解释了为什么低端的数字相机所拍摄的照片比高档的数字单反相机拍摄的照片更为漂亮。因为普通相机中的影像处理器直接对照片进行优化处理，而高端的相机针对的是专业人员，为了给图像留有最大的后期制作空间，以保留原始图片更多的层次和色彩信息，所以原始图像往往显得灰暗不明锐、低反差、低饱和度。可见，数字后期事实上是数字影像完整技术链中至关重要的环节。

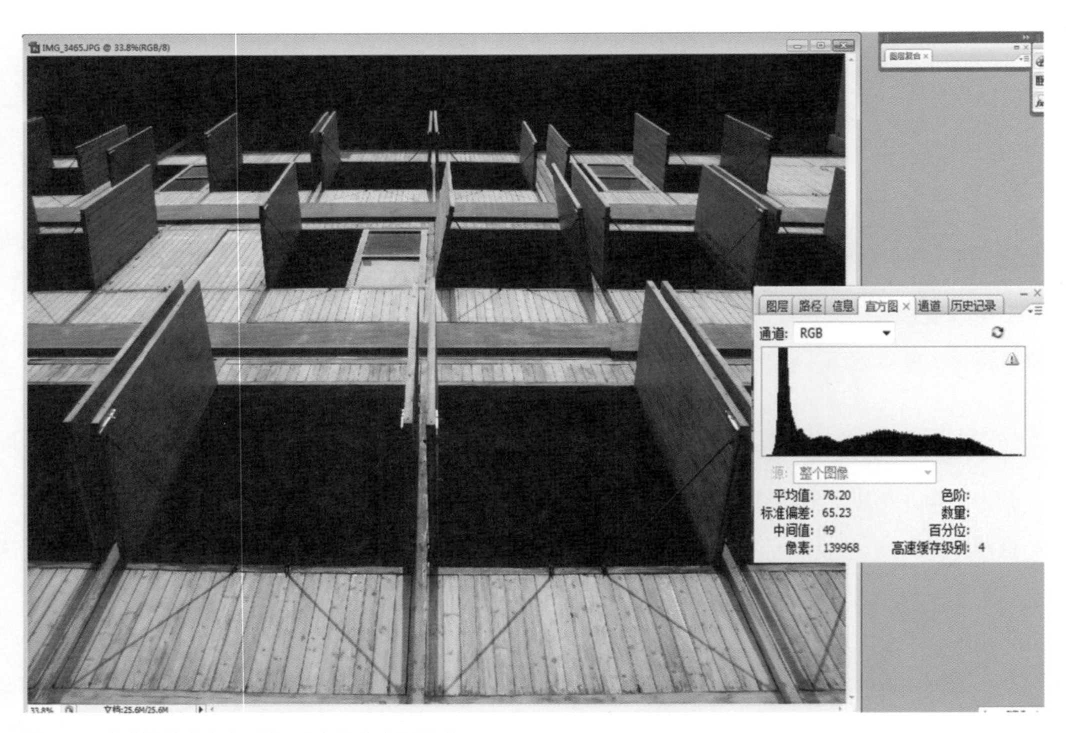

图1-15 消费级数字相机所摄照片的直方图信息

图 1–15 是由消费级数字相机 Canon PowerShot SX110 IS 所拍摄，图 1–16 是专业级 Canon EOS 5D Mark II 所摄，我们比较两张照片的直方图信息，在画面的中间和暗部区域，5D Mark II 的像素值要高于普通相机，照片实际层次更为丰富、细腻。我们只要在饱和度上略加调整，就能够得到既有丰富层次、色彩又饱和的画质。(图 1–17)

图1–16 专业数字相机所摄照片的直方图信息

图1–17 专业数字相机所摄照片经调整后的效果

四、感光度与色温

在传统胶卷相机上 ISO 代表感光速度的标准，在数字相机中 ISO 的定义和胶卷相同，代表着 CCD 或者 CMOS 感光元件的感光速度，ISO 数值越高就说明该感光材料的感光能力越强。传统胶片的感光度分为 ISO25、50、64、100、125、160、200、400、800、1600 等。数码相机的感光度分区更细，在感光度上分为 ISO50、100、200、400、800、1600、3200、6400 等，有些相机的感光度甚至能够达到更高，尤其在 ISO400—800 段，数字的感光度有了更细的区分，可以是 400、500、640、800。设置上也可进行半档或三分之一档的设置，包括了感光度的全部区段，为拍摄提供了针对不同场合、不同光线条件进行最佳拍摄的可能。

除此以外，一个胶卷只有一种感光度，且色温类型限定在日光型和灯光型，重要的彩色负片一般都针对日光平衡，如用日光片在灯光下拍摄就要外加滤光片进行补偿，并且通过印片改善可能出现的偏色。反转片对色温的要求就更为苛刻，由于胶片只能在光源色温的狭窄范围内正确还原色彩，因此要严格根据光源来选择胶片。而数字摄影不仅可以根据拍摄的每张照片调整感光度与色温，还可以转换使用 RAW 格式拍摄的图片，根据需要，调整成不同的色温效果，而不影响照片的原始信息。

第二章 # 数字影像的输入

目标：通过本章节的学习内容，学生可了解数字影像输入的几种不同途径，熟悉在获取图像的各种媒介中图像生成的过程和特性，以及对图像进行预检的意义和具体方法。

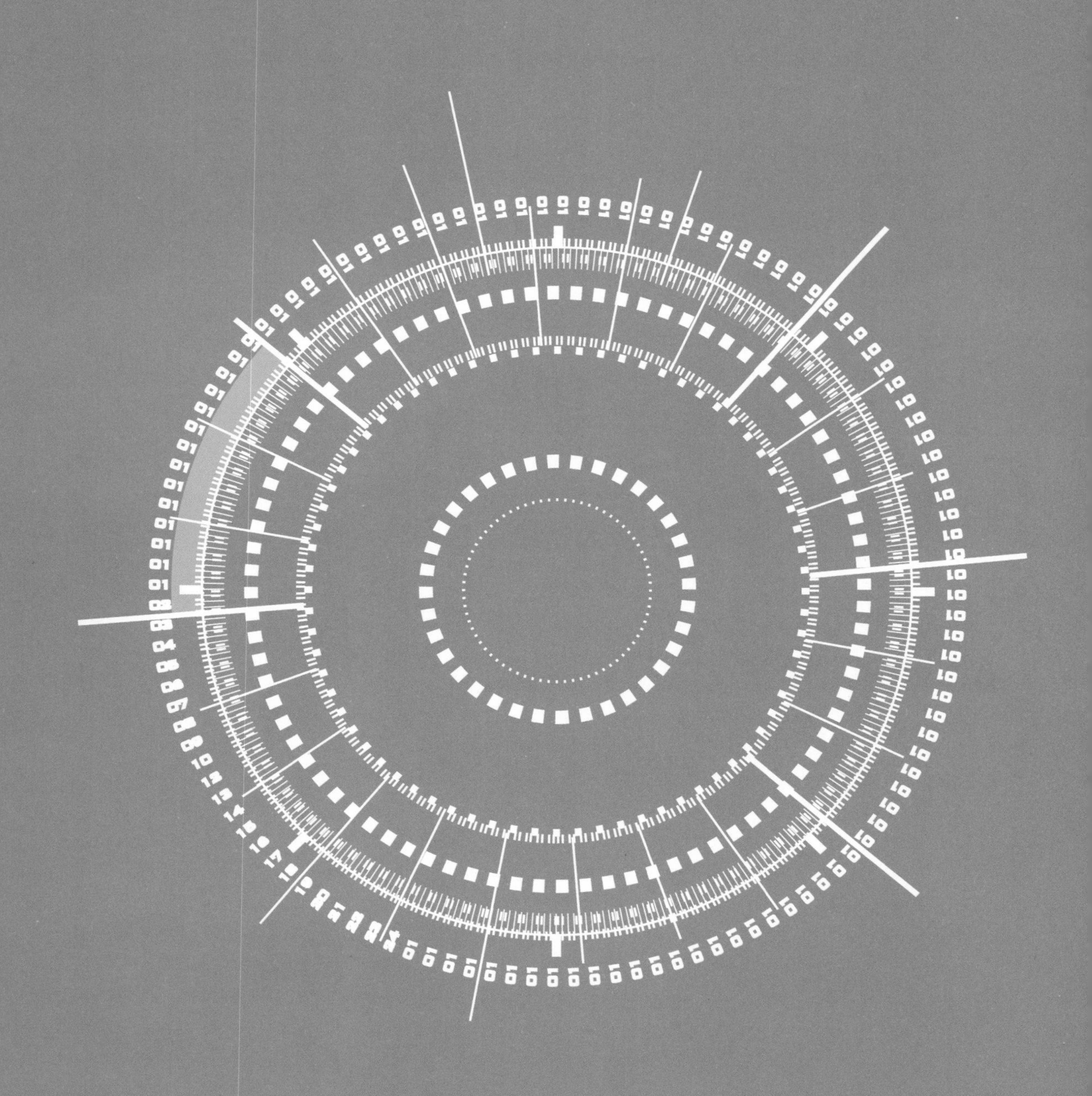

第一节 数字相机成像

一、数字相机原理与特点

数字相机系统的工作过程就是把光信号转化为数字信号的过程，使用影像传感器代替胶卷感光成像。光线通过透镜系统和滤光器投射到感光器上，并将其光信号转换为电信号，然后交由影像处理器进行处理，记录到数字相机的存储媒介中，最终形成计算机可以处理的电子数据。

数字相机的整个成像过程分为两部分：

◎ 影像传感器

目前市面上的感光器主要分为两种。一种是 CCD，一种是 CMOS。相对 CMOS 而言，CCD 成像品质高，制作工艺复杂，成本较高，电能消耗大，传递速度较慢。每块感光器的面积大小与像素点的多少是决定成像品质的关键因素。

◎ 影像处理器

影像处理器是一种数字信号处理器，也叫影像生成器。它是对由镜头和传感器拍摄得到的数字信号，根据其数据信息在程序中对应一个像素点，在数字色彩系统中，该像素点就具有记录色相、饱和度与明度信息的能力，由此完成数据向图像的转换。

数字相机与传统相机相比，其区别如下表所示。

数字相机与传统相机特性对照表：

相机种类	成像介质	成像过程	记录方式	存储方式
数字相机	光电传感器	立拍立现	电信号数值	胶片一次性存储
传统相机	感光胶片、相纸	经冲洗显像	银盐感光	可擦写磁介质

二、数字相机介绍

数字相机成像正逐渐成为数字图像生成的主要技术手段。一般大致分为入门级数字相机、专业单镜头反光相机和专业后背三种。

◎ 入门级数字相机：入门级数字单反相机、一体化数字相机、卡片机。这几类相机以满足日常使用为定位，在材质、成像元件、体积方面各有其针对性和特点，一般价格为数千元。（图 2–1、2–2、2–3）

◎ 专业数字单反相机：135 数字单反相机不仅适用面广，广泛应用于各个摄影领域，在耐用性、成像质量、附加特性上也体现了很高的性价比，是最常见的专业相机机型，一般价格为 1—6 万元。（图 2–4）

◎ 数字专业后背：主要用于 4×5 机背取景相机或 120 型可更换后背专业相机，定位在商业摄影等高画质要求的专业摄影领域。由数字后背发展而来的还有 120 数字相机，它们采用与大型数字后背相似的成像元件，发展成一体化机身。无论是专业后背或是 120 一体式数字相机，品质优秀，价格不菲，一般高达十几万元。（图 2–5、2–6）

图2–1 尼康D5000数字单反相机，1230万像素

图2–2 索尼DSC–R1数字相机，1030万像素

图2–3 Olympus E–PL1数字相机，1230万像素

图2–4 佳能EOS–1Ds Mark II数字单反相机，1670万像素

图2–5 飞思 IQ140数字后背，4000万像素

图2–6 120数字相机，哈苏H2D–39，3900万像素

三、数字摄影拍摄设置

与传统的胶片相机相比，由于数字相机与传统相机工作原理与操作方法的不同，数字摄影在拍摄前有很多前期设置的环节。传统的胶片摄影所使用的底片是现成的，我们只能有限地选择而不能主观地改变，而数字底片是靠诸多前期的设定来完成的，用它们制作自己的数字底片，完全能够实现对影像的最终控制。许多人认为数字摄影即拍即得，拍摄大大简单于胶片摄影，因为不了解其中的诀窍而忽略许多重要的设置环节，最终由于设置的错误，在一张不合格的底片上记录了即便后期都难以挽回的带有缺陷的影像。因此，要获得优质的影像，简化后期的制作，培养准确的前期设置的能力对于摄影专业人员来说至关重要。下面我们对前期拍摄的主要设置进行逐项讲述。

1. 白平衡设置

为了能够准确地对景物进行色彩还原，传统相机一般通过外在间接的手段控制色温，数字相机则通过拍摄前的白平衡设置来实现。我们知道传统相机只有 5500k 的日光型和 3200K 的灯光型两种色温可供选择，遇到介于两者间的场景，哪种胶卷都显得无能为力，要改变色温，只能通过各种滤色镜来达到，不仅价格昂贵携带不便，应用上也不能很灵活、全面。而数字摄影的前期预设，它几乎可以做到平衡任何色温。不仅有日光、阴天、阴影、荧光灯、白炽灯、闪光灯、自定义平衡等选项，高端相机还可以以 100k 为单位进行手动调整，甚至在后期制作中可以利用色彩偏移，以 1 K 为单位对 RAW 格式的文件重新微调色温。

◎ 设置规则

按照上述基本数据的标准，我们在实际应用时可以调高或降低相机的色温值。相机设置的色温与照片色温为相反呈现（图 2-7）。假如拍摄现场色温 5600k，当我们提高色温到 8000K，相机的白平衡点就会向高色温偏移，从而加强红黄色的比例来抵消、平衡蓝光，因此，显示的色彩会呈现与设置相反的效果，呈现偏红的效果。反之，我们降低色温至 3800K，相机的白平衡点就会向低色温偏移，从而加强蓝色来压制平衡红光，因此呈现偏蓝的效果。

2. 反差

反差是数字相机独立于胶片相机的一项设置。在传统摄影中，影像的反差主要体现在底片的密度范围和显影程度上，密度范围的大小、显影时间的长短，都是决定反差范围的技术指标。在数字摄影中，除了后期进行直观地调整，我们还可以在拍摄前期根据现场情况进行主观预设。以 0 为基准，低反差的画面需要“+2”来提高反差，高反差的画面则“-2”降低反差。

图2-7 色温设置原理示意图

3. RAW格式

RAW 格式是数字相机的专用格式，RAW 在英文中是指生的、未经加工处理的含义。在数字摄影中，指相机把感光器件记录的原始数据信息不作任何处理地记录在存储卡上，是真正意义上的电子底片，它具有 JPEG 与 TIFF 格式所不能及的以下优势：

◎ 原汁原味：RAW 格式对信息不作任何处理，因此没有任何图像的损失。而用一般的 JPEG 或 TIFF 格式进行拍摄，相机会在拍摄后的瞬间，根据所选择的色彩及相关模式进行处理，使图片的色彩饱和度、反差、锐度等方面都能符合要求。所以在具体操作中，能在 RAW 格式中转换的，不要留在 Photoshop 中进行，因为 Photoshop 中进行的任何操作都会对照片有不同程度的影响。

◎ 色彩空间：RAW 支持 36、42 或 48 位色深，其 RGB 单色色彩深度达到 12 位、14 位、16 位。其色彩空间 ProPhoto RGB 是目前最大的色彩空间。在转换为 16 位 TIFF 格式时，RGB 单色就有 65536 种色彩记录能力。SRGB 空间的 8 位 256 级与 ProPhoto RGB 空间的 16 位 65536 级的差距，在后期进行色彩、亮度、锐化等调整时将有明显的体现。当数值超过一定的量，JPEG 或 TIFF 格式就会呈现噪点而画质受损，而 RAW 格式却在此体现了相当大的发挥潜能。

◎ 一底多洗：可以获得用不同配方多次冲洗的电子底片，一个 RAW 格式可以使用软件采用不同方法来转换，获得多张层次、色彩、曝光完全不同的效果，而 RAW 格式文件本身不会有变化。因为原始数据并不经过相机内影像生成器的转换，因此除曝光量外，相机前期的许多设定对拍摄数据不起作用，都可以在后期进行改变。以色温为例，相机上的白平衡设置对 RAW 格式只起参考作用，因为 RAW 格式记录了场景的全部真实的信息，什么样的色温效果都可以通过后期调整来获得。

图 2–8 这张照片，由于拍摄光线条件的限制，造成曝光宽容度过大，天空与逆光的暗部景物在细节层次上难以兼顾的情况。因为数字拍摄对暗部具有很好的记录能力，为最大程度地保留亮部细节，首先拍摄时按照亮部曝光，然后在进行 RAW 格式转换时用一底多洗的思路进行调整：

a. 只考虑处于亮部的天空生成一张照片，在转换照片时对亮度、高光、色调等数值作相应调整，以求得天空丰富的色彩层次与空间感。（图 2–9）

b. 只考虑处于暗部的景物生成一张照片，在转换照片时对亮度、阴影、色调等数值作相应调整，以求得暗部丰富的细节层次。（图 2–10）

c. 将得到的来自于同一张底片的两张照片在 Photoshop 里合成，得到图 2–11 的效果。通过转换时有的放矢的调整，图像最终的色彩和宽容度有了很大的改善，视觉焦点更为突出。（图 2–11）

图2–8 原图

图2–11 调整后的效果

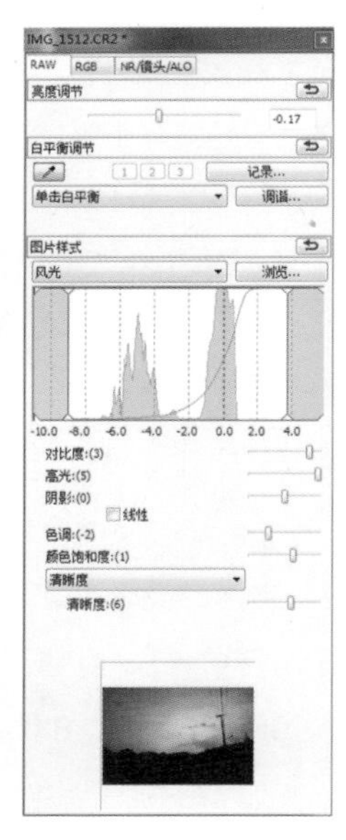

图2–9 调整亮部

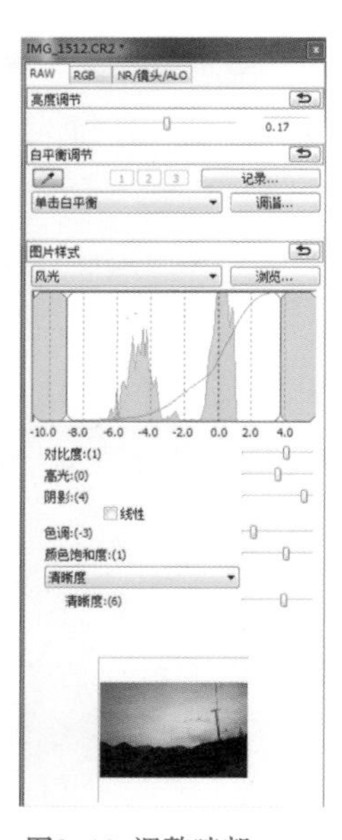

图2–10 调整暗部

图2-12 高饱和度曲线陡立

图2-13 低饱和度曲线缓和

4. 饱和度

在数字拍摄的前期设置中，色彩饱和度的设置决定了图像的色彩感觉。选择高或中高饱和度，颜色鲜艳饱和；选择中或中低饱和度，色彩真实雅致。虽然中高饱和度能够获得鲜艳的色彩，但却是以缩小了色彩范围为代价的，用低饱和度设置拍摄的图像，可以得到更为丰富的色彩信息。尤其是专业的数字相机拍摄的照片，色彩乍看反不如消费级相机拍摄的显得饱和、漂亮、即效。我们从以上反差曲线（图 2–12、2–13）就能观察到，色彩饱和度高的图像对应的曲线陡立，中间色彩压缩大，饱和度大；色彩饱和度低的图像对应的曲线缓和，中间色彩过渡层次丰富，饱和度低。因为专业的数字相机不仅要采集图像的原色，也要采集与原色对应的补色与明度信息 ，这样才能够真实再现大自然赋予的丰富复合色的形态。因此，为了最大限度地保留层次，

图2－14 高饱和度

图2－15 低饱和度

图2－16 低饱和度调整后的效果

专业数字相机采取这种低饱和度获取影像的方式，在拥有层次的基础上，后期通过加大饱和度获得高质量的图像。相反，如果一味地追求饱和度而造成层次的损失，其结果是后期无法弥补的。图 2–14 是用普通卡片机拍摄的 JPG 图像，画面色彩鲜艳，但中间层次少，杯子上的影调层次基本被简化为平面的色块信息；图 2–15 是用专业级 Canon EOS 5D Mark II 相机所拍摄的 RAW 格式图片，画面原图饱和度低，看似灰暗，但是中间层次非常丰富，在原色中有自然的补色信息，通过后期增加色彩饱和度 20% 的调整，色彩不仅饱和醒目，杯子的立体过渡也真实而有立体感。（图 2–16）

5. 锐化

锐化即选择拍摄的相片相对柔和还是相对清楚。一般专业用途的照片建议前期不作高锐化设置，因为前期锐化的程度并不特别完美，并且一旦前期经过了锐化，后期制作就没有太大的锐化空间。反之前期不作锐化，完全可以通过后期锐化制作出非常精美的效果。但如果照片只是作普通用途，那么为了减少后期调整的麻烦，实施前期锐化也很实用、快捷。

综上所述，面对一个拍摄对象，进行前期的一些设置可以使我们的拍摄变得主观可控，但这却不得不依赖摄影的基础知识，不作设置或是设置错误，都会影响甚至损失画面的质量。数字相机虽然看似傻瓜、人人都可以用，但是涉及到它的内部技术语言，却牵扯到多层次的知识结构。准确地用好相机的多项功能，才能最大发挥专业数字相机的作用。

第二节 扫描仪成像

在目前传统模拟和数字技术手段并存的时代，扫描仪作为将模拟图像转化为数字图像的主要工具，正在发挥着不可替代的作用。大量的职业摄影师运用扫描仪实行传统胶片的数字化与数字影像接轨。扫描仪的主要种类有：平板扫描仪、底片扫描仪、滚筒扫描仪（电子分色仪）三大类。

◎ 平板扫描仪

主要用于扫描较大面积的平面图稿。有不同的幅面与档次，是扫描仪的主流机种。（图 2–17）

◎ 底片扫描仪

采用较高光学分辨率、灵敏的影像传感器，专用于 135、120 透明胶片，幻灯片等透射图稿的扫描。（图 2–18）

◎ 滚筒扫描仪

是电分公司或印刷厂等企业专用的数字影像获取设备，性能极佳但价格昂贵。（图 2–19）

影响扫描仪成像质量的主要指标

◎ 分辨率：分辨率表明了扫描仪还原细节的能力。用分辨率高的扫描仪扫出来的图片有更多的图像细节信息。它的单位为 dpi，是衡量扫描仪分辨能力的重要指标。例如 1200×1600dpi，1200dpi 表示横向的最高分辨率，1600dpi 表明纵向的最高分辨率，二者统称最高光学分辨率。

◎ 动态范围：动态范围也称密度范围，是扫描仪区分亮度级别与色彩还原能力的指标。一般平板扫描仪的动态范围在 3.0 左右。即 RGB 三通道中的每一种色彩能区分 10^3，即 1000 个灰阶等级，三个通道相乘后（1000×1000×1000）就能还原 10 亿种颜色。底片扫描仪的动态范围在 4.0 左右，它的亮度区分度和色彩还原能力就高于平板扫描仪，滚筒扫描仪则在 4.0 以上，效果当然更为出色。因此，动态范围是选择扫描仪的关键指标，从某种意义上说，它甚至比分辨率更为重要。

图2-17 Epson Perfection 4490 Photo平板扫描仪

图2-18 禄来DF-S 190 SE底片扫描仪

图2-19 滚筒扫描仪

第三节 网络图片库

网络图片，英文名称为“Stock Photography”，是指通过专业网站来获取的图像资料，也称资料照片摄影。近年来网络图片库发展很快，成为获得数字图像资料的新方法。目前世界上原来比较著名的新闻图片社都介入了网络图片库的建立，如玛格南图片社、黑星图片社等。网络图片社因其数字化的产、供、销方式，随互联网的迅猛发展而在全球范围内渐渐取代了传统的图片社。国外大型的网络图片社拥有数量巨大高达几百万张的库存图片量与大量的签约摄影师，图片商所销售的图片内容主要分为商业创意图片和新闻图片两大类，还有为商业和新闻活动服务的资料性老图片和经典图片。商业创意图片主要为广告公司、设计人员及各类媒体服务；新闻图片主要服务于新闻类的各种媒体，如报刊、网络等。我国也有越来越多的图片库网站发展起来。这种新型互联网模式的图片电子商务的发展，为专业人士提供了方便、快捷、优质的视觉工作新平台。

第四节 技术指标及样稿的审查

我们拿到一幅数字图像，通常通过检验照片直方图来采集数据，通过直方图，检验照片中呈现的数据是否能够反映影调层次信息、完整的黑场与白场，以及是否能够充分保留原始数字相机的相关性能指标。

一、直方图

在数字摄影里，直方图是一个非常重要的工具，不仅在 Photoshop 后期调整软件里有，大多数数字单反相机里都有此选项。我们可以通过它反映的照片信息来检查照片质量。通过直方图，我们可以通过像素数据来判断照片是否曝光正确，判断照片的影调高低等，并且通过适当的调整来修饰有缺陷的照片。通过训练和长期的实践，专业摄影师完全可以做到不看照片，仅从数据信息就可以判断照片的大致外观与属性。下面我们来认识一下直方图，了解它的主要原理。

1. 主要原理

打开照片，窗口→直方图，调出直方图面板。（图 2–20）

纵轴中波峰的高度：表示该像素段存在像素的多少，峰值越高表明这个亮度的像素值越多。

横轴表示亮度区域：峰值位置表明所处的亮度层次，左黑右白，中间为过渡层次。

在色阶直方图中（图 2–21），移动输入色阶滑块，可以压缩影调，加大反差。移动输出色阶滑块，则可以扩展影调，较少反差。

2. 不同影调照片的直方图形态

下面我们来看不同影调照片所对应的直方图情况：

高调照片：大多数的像素亮度高，因此直方图呈右高左低状。（图 2–22）

低调照片：大多数的像素亮度低，因此直方图呈左高右低状。（图 2–23）

中常影调照片：为一般景物曝光正常时的直方图，像素成中间高两边低的形状。（图 2–24）

剪影式照片：由于照片中间调层次少，主要为黑白层次，因此直方图呈 U 字形。（图 2–25）

3. 数字单反相机中的直方图

在大多数数字单反相机中，也有直方图的菜单功能，通过它，我们可以检查照片是否曝光准确。在专业的数字相机中，会显示红、绿、蓝分通道以及综合通道四个直方图。数字拍摄尤其要避免过度曝光，往往高光部位曝光过度，在直方图右边会显现直立的“长杆”，对应着图像也会出现“极化”现象，我们可以通过指示图作拍摄设置的调整。（图 2–26）

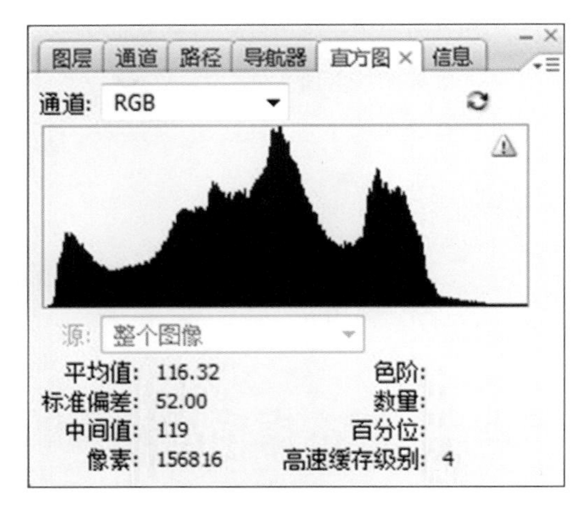

图2–20 “直方图”面板

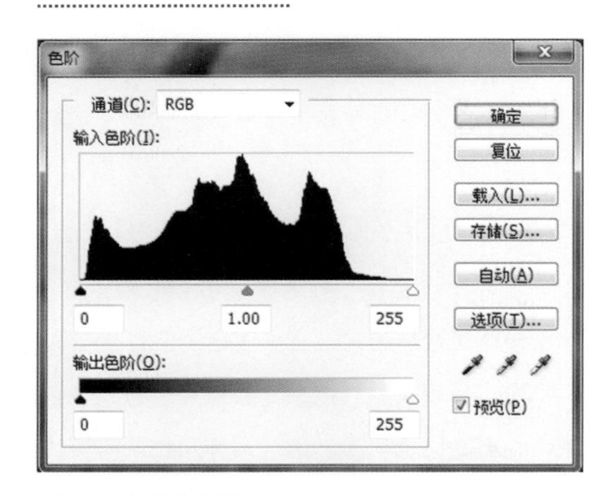

图2–21 色阶直方图

图2-22 高调照片直方图

图2-23 低调照片直方图

图2-24 中常影调照片直方图

图2-25 剪影式照片直方图

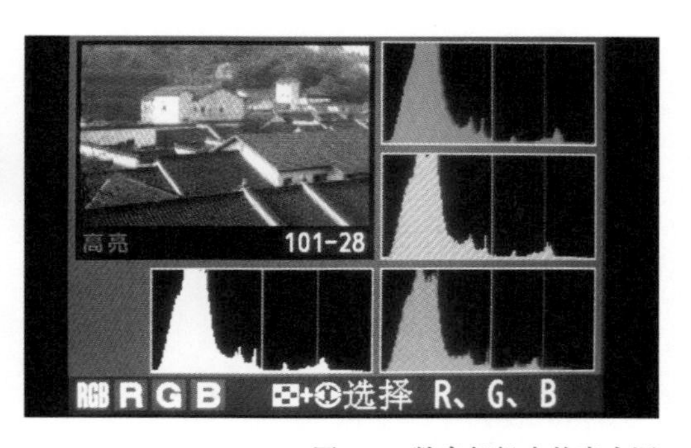

图2-26 数字相机中的直方图

二、清晰度

清晰度包括分辨率与锐度。高清晰度的图像不仅能够提供给观者足够的影像细节，同时明暗阶调与色彩层次的轮廓边界过渡明确、鲜锐。

图2-27 原图

三、黑场与白场

在实际应用中，有很多人喜欢在色阶窗口将白色的小三角左移以提亮画面，或将黑色小三角右移以压暗画面，这样做所付出的代价是损失了画面的亮部白色或是暗部黑色的层次，使其没有细节。在数字后期中，往往通过标准的数据，而非凭“感觉”来面对图像，我们可以运用“阈值法”来确定照片的“黑场”与“白场”，以便能够作下一步的调整。下面我们针对这一知识点作相应解释。

所谓“黑场”与“白场”，是一种印刷的术语，用来表达照片中的最黑色、最白色在印刷时所能达到的最小极限数据。它决定了一幅照片的阶调、反差以及色彩平衡，是我们审查样稿的重要环节。我们知道 RGB 值为 255 的白是一片死白，同样 RGB 值为 0 的黑也是死黑一片，没有任何层次。合格的数值应该是白场在 RGB=245±4 范围之内，黑场在 RGB=8±3 范围内。使用“阈值法”，我们可以精确地判断黑、白场，避免出现输出打印、冲洗时显现

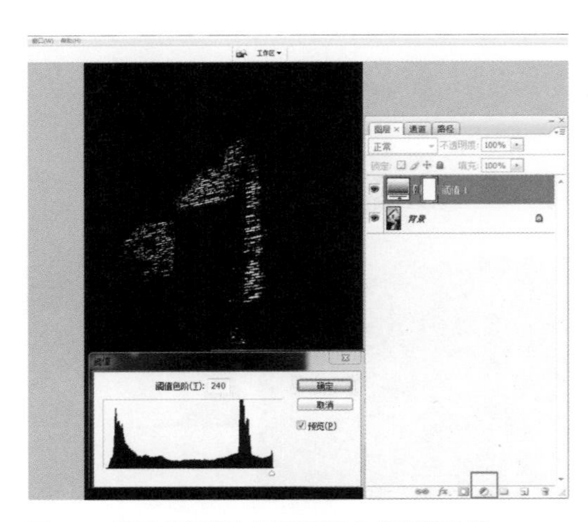

图2-28 运用“阈值”调整图层在高光区采样

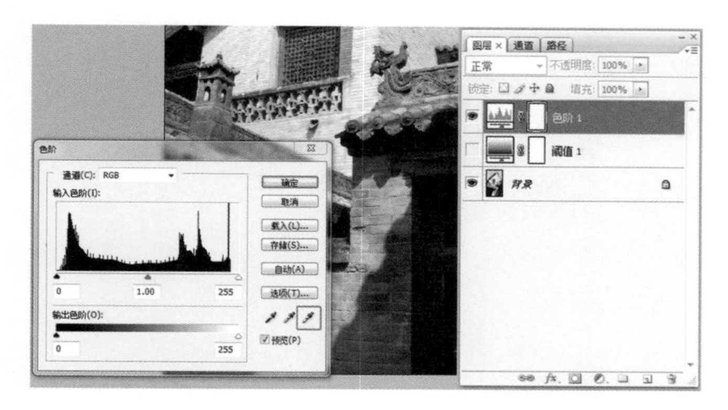

图2-29 选取高光区采样点

图2-30 检查高光区采样点数据

不了层次的弊端。下面我们作一个演示。打开图 2–27，具体操作步骤如下：

（1）在图层面板右下方点击创建新调整图层，建立“阈值”调整图层。

（2）移动滑块至最右边，在全图呈黑色情况下，再慢慢滑向左侧，最先出现白色高亮点处即是全图的高光区。在左侧工具栏用颜色取样器在高光区采样。点按 shift 键可选取多个采样点。（图 2–28）

（3）关闭“阈值”图层，新建色阶调整图层，在此面板中右下方选取白色吸管并双击，出现拾色器，用吸管点击白色取样区，发现数据为：R:248、G:246、B:244，而不是死白的 255。这个白色可以在输出时显示出墙壁的层次，是合格的高光数据。（图 2–29、2–30）

（4）在“阈值”调整图层中移动滑块至最左边，在全图呈白色情况下，再慢慢滑向右侧，最先出现黑色点处即是全图的最暗区。

（5）回到色阶调整图层，用吸管点击黑色取样区，发现数据为：R:7、G:7、B:7，而不是死黑的 0。说明此黑色能够显示阴影中的黑色层次。（图 2–31、2–32）

图2-31 选取低光区采样点

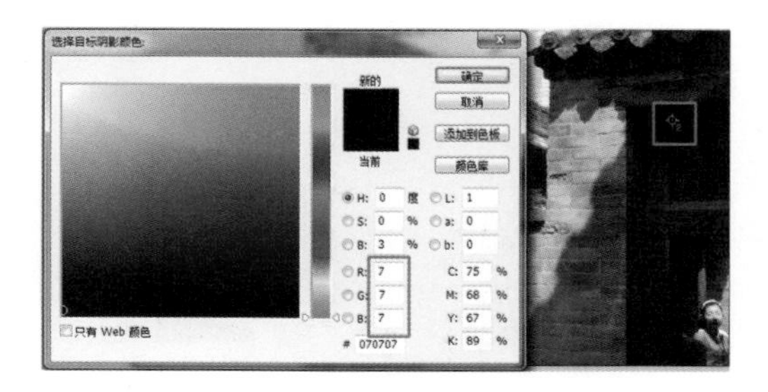

图2-32 检查低光区采样点数据

四、影调层次

层次是指图像中的色调及阶调的变化。合格的影调层次应该能够准确地还原被摄景物的色彩，不带有明显的偏色，从黑、白、灰到各种各样的色彩，尽可能地再现其本色。下面介绍一种检查中间调偏色的方法，图例照片拍摄于清晨的香格里拉古城，直观照片有偏蓝色的视觉感受，下面我们看一下数据的审查：

（1）新建图层，在编辑→填充→使用中选择 50% 灰色，填充图层。混合模式设为“差值”。（图 2-33、2-34）

（2）新建一个阈值调整图层，将阈值滑块从最左侧慢慢往右移，直到出现黑色小点。放大画面至 1600%，点击颜色取样工具后点击黑点采样区。（图 2-35）

（3）关闭阈值调整图层与填充图层，回到背景图层，双击前景色图标打开拾色器，用吸管点击取样点。检查中灰采样点数据，从 RGB 数值判断偏色情况。此图中数据显示 R:128、G：128、B:135，色彩落点中蓝色数值高于中灰色标准数值 128，显示出中间色偏蓝，这与整张照片的偏色情况相一致。（图 2-36）

图2-33 “填充”面板

图2-34 运用中灰色填充图层

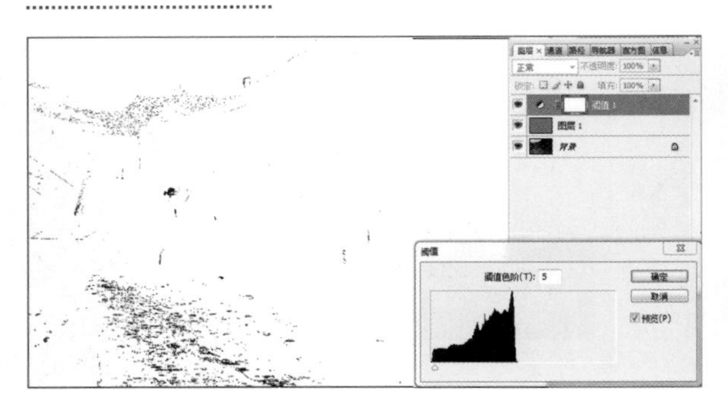

图2-35 运用“阈值”调整图层采样

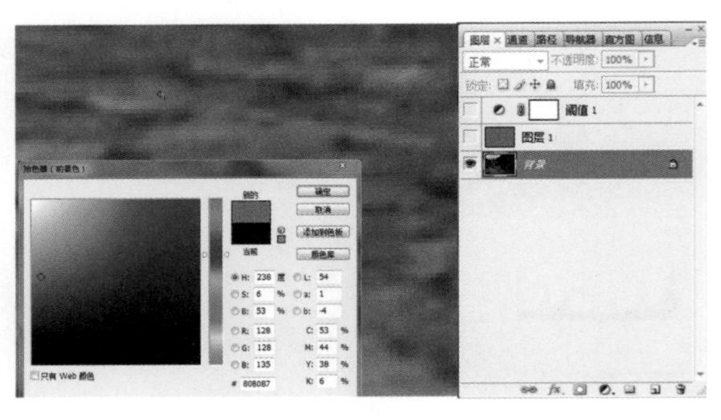

图2-36 检查中灰采样点数据

第三章 数字影像的后期处理

目标：通过理论学习和操作实践，学生可熟练运用数字后期软件 Photoshop 对获取的图像进行有益的调节，并对拍摄环节造成的局限进行弥补和拓展。在操作基础上对数字影像后期有更为深入和更高层次的应用。

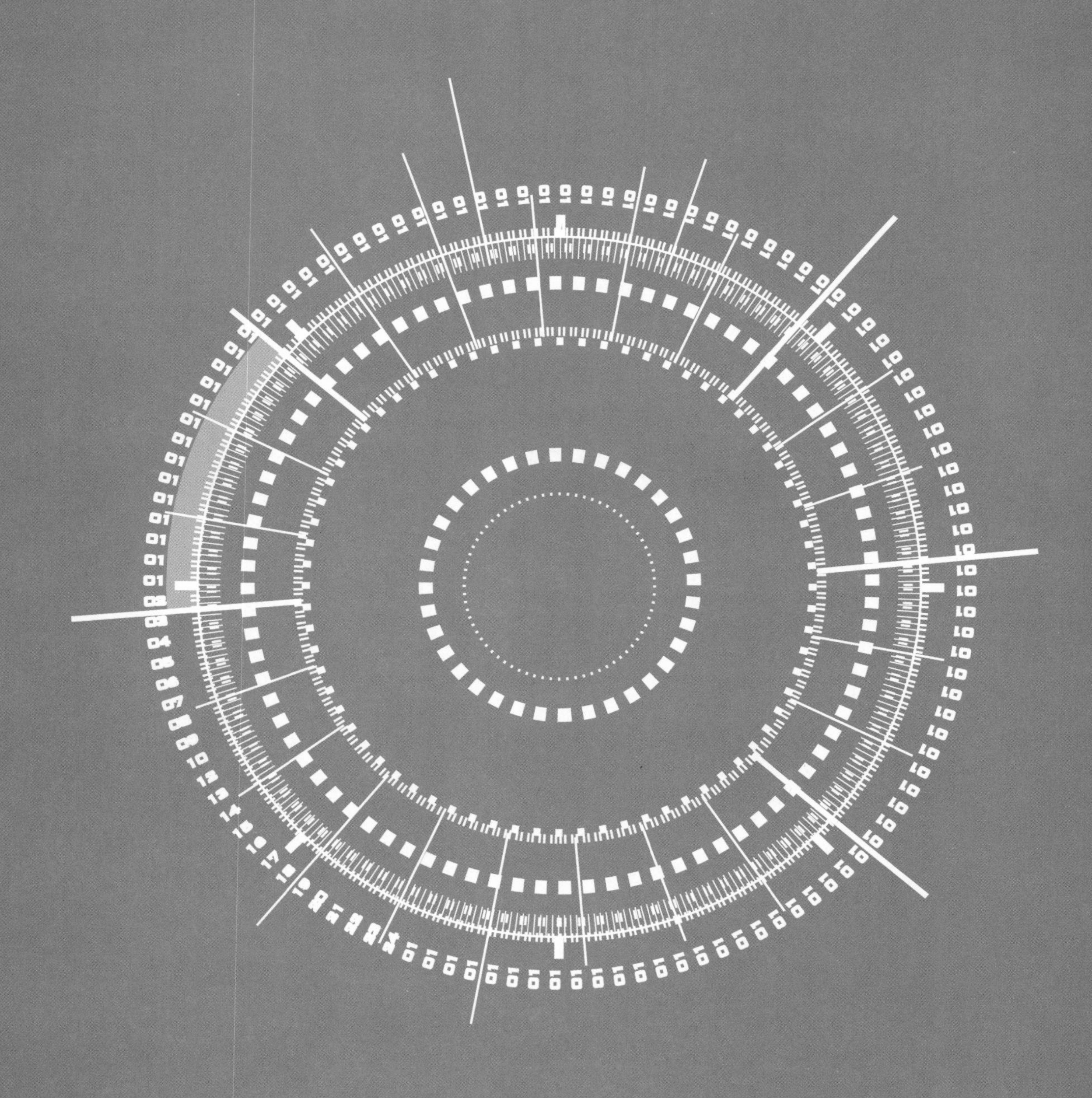

一、亮度调整

Photoshop 提供了几种基本方法来调节图片的亮度：亮度 / 对比度、色阶和曲线以及图层。亮度 / 对比度功能有限，一般不太多用，这里不多作介绍。本小节重点讲解色阶、曲线以及图层这三种调整功能。我们先来看色阶调整功能：

1. 认识色阶

图 3-1 是色阶中数字影像数据与胶片区域系统的对照，0—255 的数据与色阶中的每一灰阶相对应，说明亚当斯的区域系统理论和数字影像有惊人的相通之处，我们完全可以将已经积累的传统摄影的知识经验用于数字影像，通过数据对影像进行更为精确化、直观化、科学化的表达。（图 3-1）

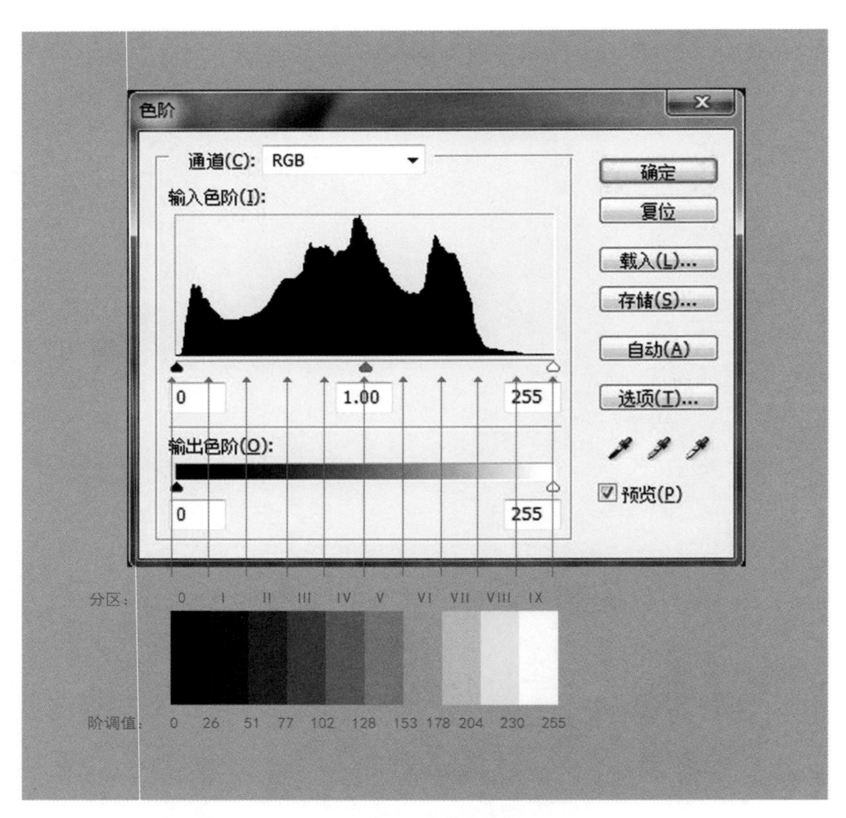

图3-1 “色阶”中数字影像数据与胶片区域系统对照图

2. 用色阶调整亮度

一般我们在后期调整中，多用新建调整图层的方式对图像进行调整，而不是直接在原图上进行操作。因为调整图层与图像相对独立，即使对调整的效果不满意，只要关闭或去掉图层就可以，不会对原图产生不可逆的影响。同时，运用调整图层可以在图层混合模式与不透明度上进行调整，增加了调整手段的多样性和细致度。在今后的图像调整操作中，本书都会运用新建图层的方式来进行，以后不再单独说明。

（1）选取图层→新建调整图层 →色阶。在“新建图层”对话框中单击“确定”，建立色阶调整图层。（图 3–2）

（2）调整色阶面板中的输入色阶数值，黑场设置为 12，中间伽马值为 0.82，白场为 242，相对应的输入色阶滑块变窄，灰阶宽度缩小，画面反差加大。由此可见画面亮度与反差的关系密不可分。（图 3–3、3–4）

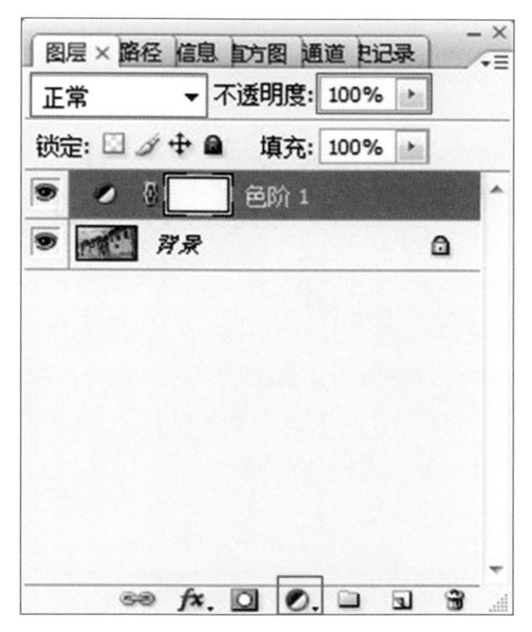

图3–2 新建“色阶”调整图层

图3–3 原图

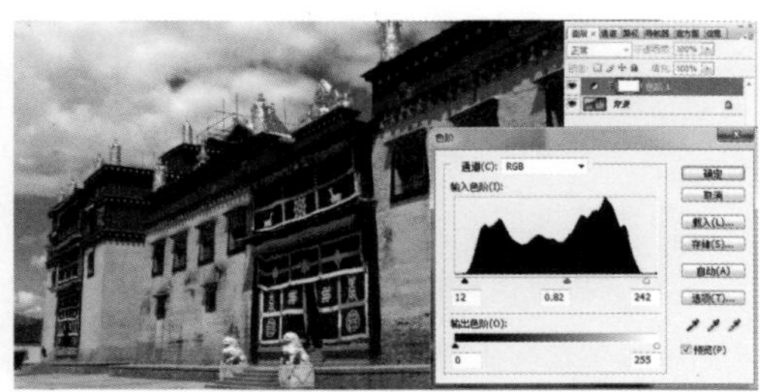

图3–4 调整后的效果

3. 认识曲线

曲线不仅包含了亮度 / 对比度和色阶的所有调整功能，而且更为强大，是所有亮度调整里最为复杂和有效的一种工具。它可以通过自行定义多点的亮度值进行影像的局部调整，而其他区域不受影响。下面我们来认识一下曲线。(图 3–5)

未经调整的曲线呈 45 度倾斜的直线，因为输入色阶和输出色阶完全相同。在曲线图左下方的纵横轴相交处，分别显示输入值与输出值。输入值是指未调整前的亮度值，输出值则指变化后的亮度值。我们可以按照区域曝光法用调节点把直线分为不同的亮度区，当亮度变化不大时，曲线上各区域的调整相对独立，而当某区域亮度变化大时，相邻区域会受到相应的影响。面板中的颜色取样器与色阶面板一样，可以设置照片的黑白场，也可以通过分色通道对相应色彩进行单独处理。

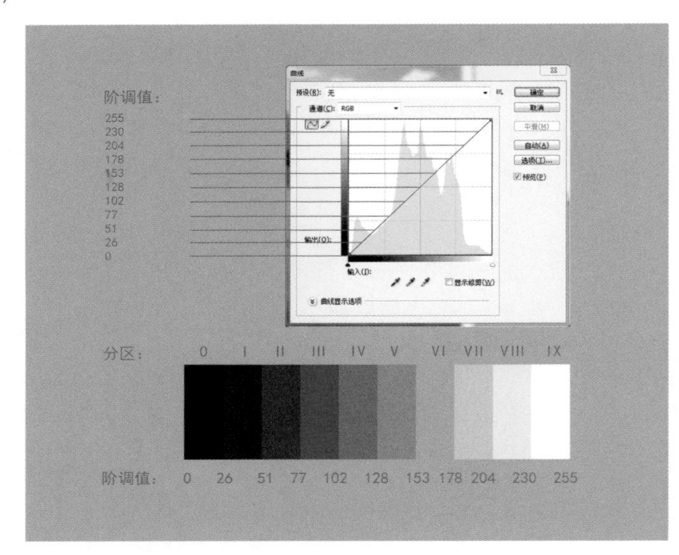

图3–5 “曲线”中数字影像数据与胶片区域系统对照图

4. 用曲线调整亮度

(1) 选取图层 →新建调整图层 →曲线。

(2) 通过执行以下操作之一，在曲线上添加点。

◎ 直接在曲线上单击。

◎ 按住 Ctrl 键并单击图像中的“像素”。

(3) 通过执行下列操作之一来调整曲线的形状。

◎ 单击某个点，并拖动曲线直到调整的颜色看起来正确。

◎ 单击曲线上的某个点，然后在“输入”和“输出”文本框中输入值。

◎ 选择对话框顶部的铅笔，然后拖动以绘制新曲线。可以按住 Shift 键将曲线约束为直线，然后单击以定义端点。完成此操作后，单击“平滑”以平滑曲线。

5. 曲线调整的形态对应着不同的调整效果（图3-6至3-11）

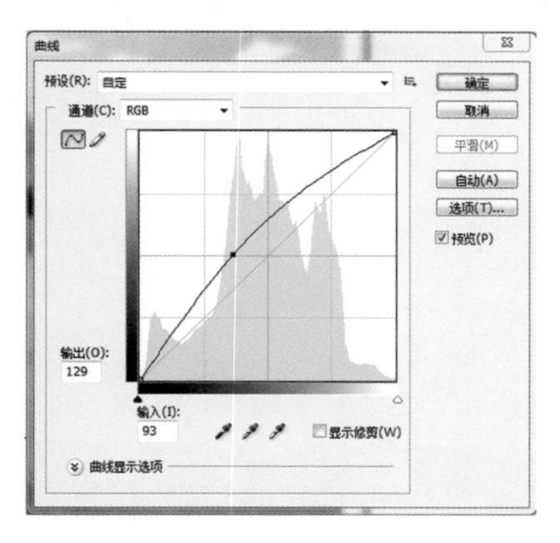

图3-6 曲线-提高亮度

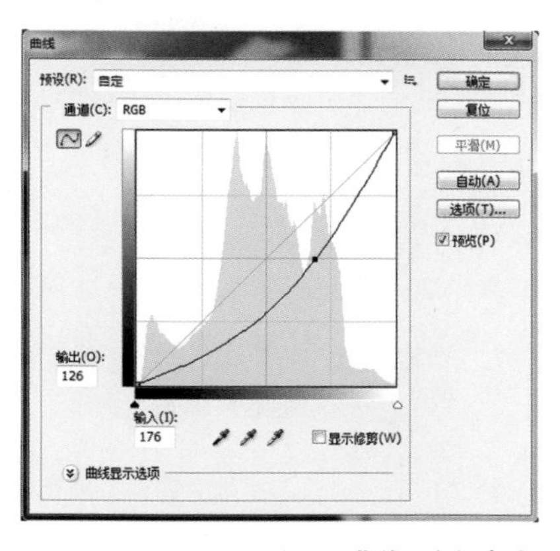

图3-7 曲线-降低亮度

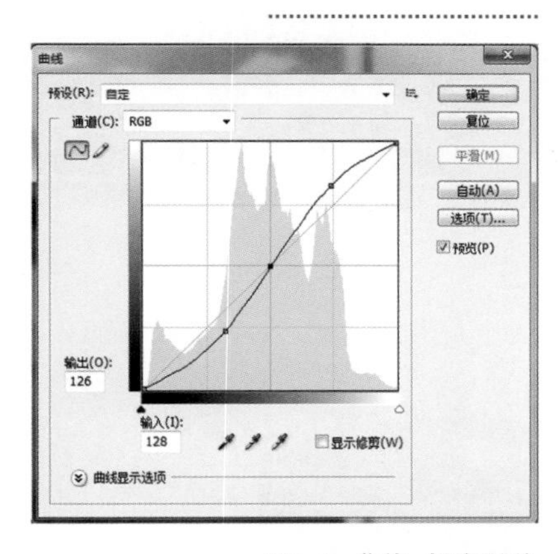

图3-8 曲线-提高反差

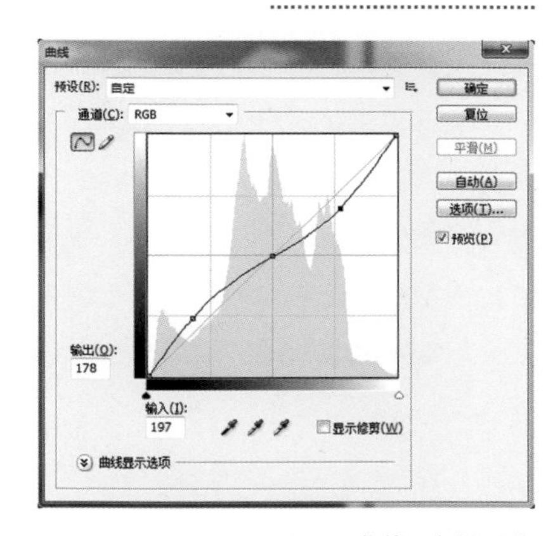

图3-9 曲线-降低反差

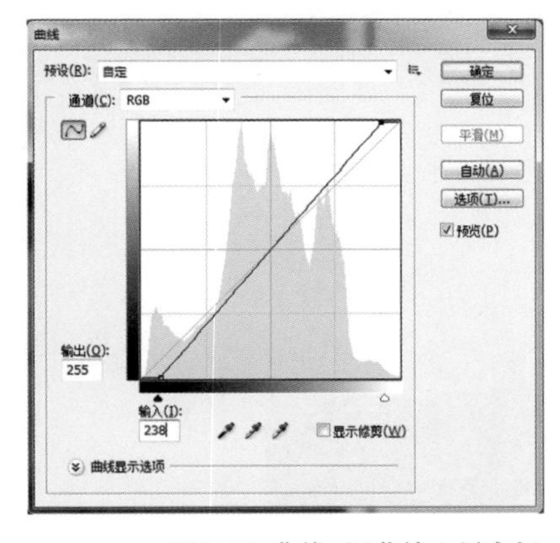

图3-10 曲线-调节输入黑白场

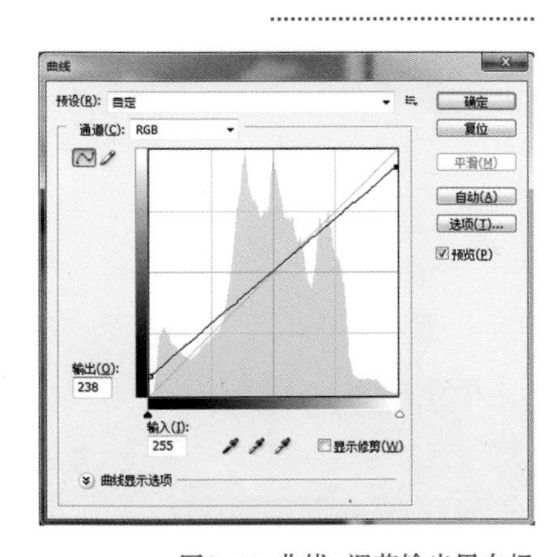

图3-11 曲线-调节输出黑白场

6. 用图层调整亮度

对整体曝光过度或不足的照片，除了上述方法，我们还可以用图层进行快捷的调整。具体方法是：

（1）打开图像（图 3–12、3–14），在图层面板中，拖动背景层至建立新图层的图标上，建立背景副本，将背景层复制。

（2）对于整体曝光不足的照片，将背景副本的图层混合模式变为“滤色”模式，不透明度的数值可以调节所改变的亮度。若曝光还是不足，可以将背景副本图层继续往上拷贝，再次与下面图层进行“滤色”混合。（图 3–13）

（3）对于整体曝光过度的照片，将背景副本的图层混合模式变为“正片叠底”模式，不过对于曝光过度的照片，失去的高光部细节是通过后期永远无法弥补的，因此数字拍摄尤其要警惕曝光过度。（图 3–15）

图3–12 原图

图3–13 用“滤色”图层混合模式调整亮度

图3–14 原图

图3–15 用“正片叠底”图层混合模式调整亮度

图3-16 原图

图3-18 调整后的效果

图3-17 “阴影 / 高光”面板

二、宽容度调整

当我们面对影调层次跨度大、光比大的拍摄对象时，影调宽容度的限制会让你显得力不从心，造成亮部与暗部影像细节不可兼得的尴尬局面。这时，确定正确的拍摄思路是至关重要的。在数字摄影时代，有些后期加大影响宽容度的方法，了解了这些方式后，应该将它们纳入拍摄思路的范畴，确保用正确的思路和拍摄步骤得到需要的源图像资料，以便后期进行宽容度改善。

1. 用“阴影 / 高光”改善宽容度

在 Photoshop 里，针对单张图片中影调反差过大的情况，可以在图像→调整→阴影 / 高光命令里进行改善。通过该命令可以提亮暗调的区域，使隐藏在其中的丰富信息可以显现；也可以压暗高光区，使两者的反差得到合理的控制。

在上图中（图 3–16），由于光比大，画面的反差相当大，画面高光部分和暗部的细节体现不够完美。我们使用“阴影 / 高光”命令加以调整，具体步骤如下：

（1）执行图像→调整→阴影 / 高光命令。

（2）对高光和阴影数值分别进行调整。其中数量决定亮部或暗部调整的幅度，一般不宜超过 30 的数值（图 3–17）。图 3–18 是调整后的效果。

2. “HDR高动态影像合成”改善宽容度

除了对单张照片进行控制，我们还可以通过 HDR 高动态影像合成的方式对几张照片进行合成，即对同一拍摄对象、相同拍摄条件，用曝光不足、曝光正常、曝光过度的思路进行分次拍摄，HDR（High Dynamic Range）功能会自动将符合条件的优质像素进行提取，组合在一个画面之中。

选用此方法，要求拍摄者在拍摄前有严密的思路，对拍摄的要求也比较高：最好用 RAW 格式拍摄，一般为 5—7 张，最少 3 张，以确保动态范围的广度；两张照片之间相差一至二档 EV 值；拍摄时机位、光圈不变，只对速度进行改变，以便获得一致的景深。具体步骤如下：

（1）打开制作 HDR 的几张源照片，执行文件→自动→合并成 HDR 命令。（图 3–19、3–20、3–21）

（2）拼合后生成 HDR 文档，界面左侧会自动显示几张源照片的曝光值档级差异。（图 3–22）

（3）图像→模式菜单下，将每通道 32 位转为 16 位或是 8 位色深，以便能够存成 TIFF 或 JPEG 文件格式。在弹出的 32 位预览选项对话框中输入转换的设定值。曝光度控制高光区域的亮度，灰度系数控制阴影区域的亮度。（图 3–23、3–24）

图3–19 曝光正常

图3–20 曝光过一档

图3–21 曝光不足一档

图3-22 拼合后生成HDR文档

图3-23 HDR转换数值设定

图3-24 HDR合成后的效果

图3-25 曝光过度

图3-26 曝光不足

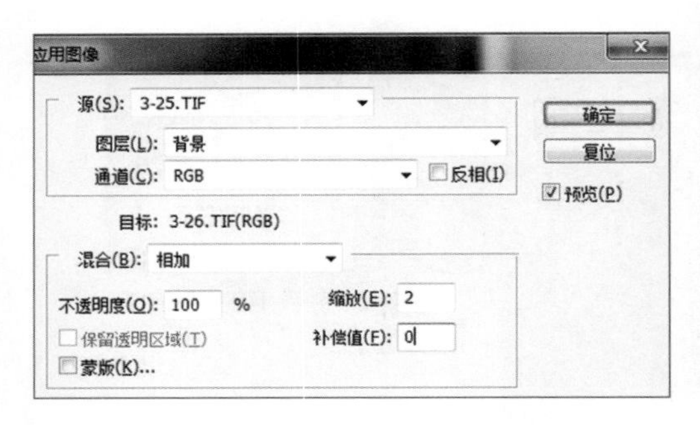

图3-27 “应用图像”面板

图3-28 调整后的效果

3. “应用图像”改善宽容度

“应用图像”命令是对曝光不足和曝光过度的两幅图像，对其中符合条件的优质像素进行混合，这样高光区域和暗部区域的动态范围得以加大，从而加大影像的宽容度。具体步骤如下：

（1）打开两张图像大小一致的图片。（图 3-25、3-26）

（2）选择图 3-26 高光区正常的图，执行图像→应用图像命令，将图 3-25 作为应用的源图像，混合模式为“相加”。其中缩放栏数值指两幅图像亮度的平均值，补偿值对应数值的正负值，指每个像素亮度的增减值（图 3-26）。图 3-28 是调整后的效果。

图3-29 原图

图3-30 编辑“黄色”饱和度

图3-31 编辑“绿色”饱和度

三、色彩的调整和修饰

在数字后期纠正偏色时，我们要根据图像的具体情况决定用何种色彩模式，何种调整方式，以便用最科学和便捷的手段达到最佳目的。这需要对相关知识的理解和经验的积累。接下来我们对色彩后期调整的几种主要方式，针对其应用特性和方法步骤进行介绍：

1. 色相饱和度校色

运用色相 / 饱和度命令，我们不仅可以针对某种色彩有针对性地调整色相、饱和度以及明度信息，更可以将相邻色彩间的过渡做得自然真实。本例（图 3–29），原图中黄色和绿色的饱和度不够，照片主体不突出。我们执行饱和度命令对此进行调整。

（1）新建色相 / 饱和度调整图层→编辑→黄色。

（2）将饱和度增加至 +55，使用左边吸管点击黄色，将黄色定义为以它为中心的饱和度调整。（图 3–30）

（3）扩展彩条中的小色柱，使调色的范围扩展到红色到绿色的范围。使色彩过渡自然。

（4）编辑→绿色，将饱和度增加至 +18，按 Shift 键点击黄色，色彩隔离的范围被扩展，使被加强的绿色、黄色交融。（图 3–31）

2. 用色彩平衡和变化校色

用色彩平衡和变化校色相对于其他方式来说更为直接和简单。在色彩平衡面板（图3–32），我们可以对影像中的高光、中间色调、阴影三个层次进行调色。当我们面对整体偏色的照片，又只需进行色彩微调时，使用图像→调整→变化命令来进行非常方便。

图3-32 “色彩平衡”面板

3. 运用数字调色

改变色彩：在数字图像里，任何色彩都可以被转化成数字，任何色彩关系都可以用其间的数学关系来作理解。Photoshop 里的色相 / 饱和度就是根据色轮图的原理来设计的。我们可以以色轮图中的色彩关系为依据，对照片中需要调整的色彩用改变数值的方法进行修正。我们看一下色轮图（图 3–33），图中一对互补色组成 180 度的相互关系，一对同类色组成 60 度的相互关系，一对邻近色组成 30 度的相互关系。色彩间的位置关系和顺序是固定不变的，当我们要改变色彩，只要在色相 / 饱和度面板中，输入源色彩色相与目标色彩色相的相位差值，就可以精确而轻松地达到目的。本例（图 3–34）中，我们将通过数值的改变而不需通过选区把照片中前景人物的衣服改为绿色。具体方法如下：

（1）新建色相 / 饱和度调整图层。

（2）色相 / 饱和度→编辑→选择要改变的目标色“蓝色”。

（3）根据色轮图中的色彩位置关系，蓝色与绿色是 –120 度的相位差关系，输入此数值。（图 3–35）

（4）牛仔裤的蓝色也会作相应改变，用蒙版将裤子的色彩还原。（图 3–36）

色相 / 饱和度面板下端有两道彩条，我们可以将它们理解为色轮图所展开的平面。我们观察到两根小色柱，我们称它们为内立柱。它们所界定的上端为调整前的原色彩蓝色，下端为调整后的色彩绿色。被界定的区域我们可以理解为选区，此区域为色彩变化的区域，蓝色以外的色彩被隔离。立柱外端的小斜柱形成外立柱，其中灰色带为色彩过渡的区域，显示对色彩范围的调整在何处“衰减”。

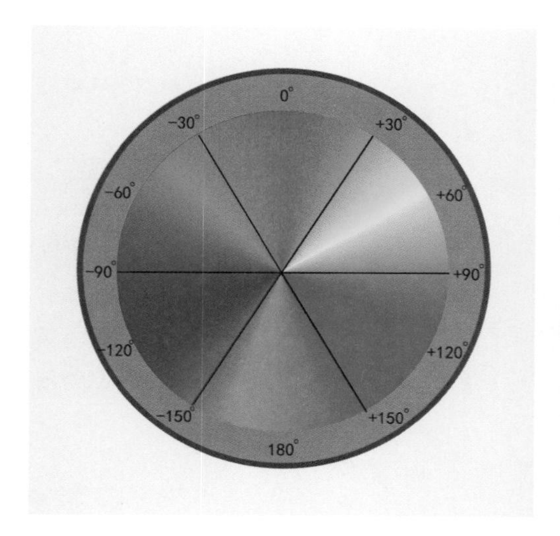

图3-33 色轮图

图3－34 原图

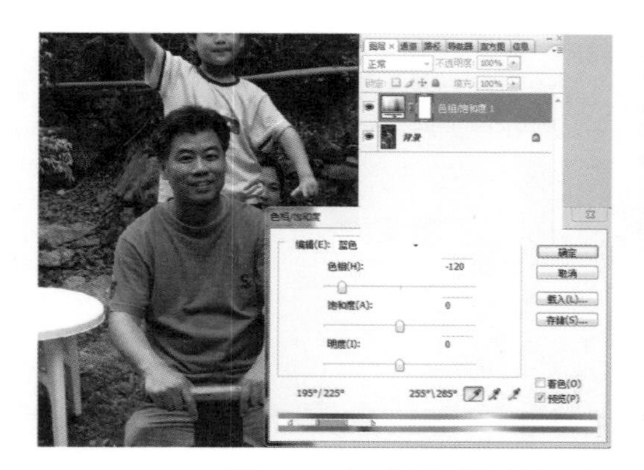

图3－35 对“蓝色”进行数字调色

图3－36 “蒙版”还原裤子的色彩

4. 运用中性黑白灰数值调整

由上所述，我们已经了解到数字影像中的色彩，其数据呈现其理性和科学的特点，因此不难理解如果我们遇到黑、白、灰这样的中性色彩，其 RGB 的数值就一定会相等。黑色为 R=0、G=0、B=0，白色 R=255、G=255、B=255，灰色 R=128、G=128、B=128。利用这种中性色的数值，我们可以有利地将它们作为参照对图像进行色彩调整。

◎ 利用中性灰数值

在第二章“技术指标及样稿的审查”的“影调层次”中，我们讲了利用中灰色检查中间色偏色的方法，在检验出偏色的现象后，我们只需进行如下操作，就可以纠正中间色偏色：

（1）新建色阶调整图层。

（2）双击灰色吸管→在拾色器中确认 RGB 值为 128→关闭拾色器。

（3）用吸管精确点击采样点→消除偏色。

图3-37 原图

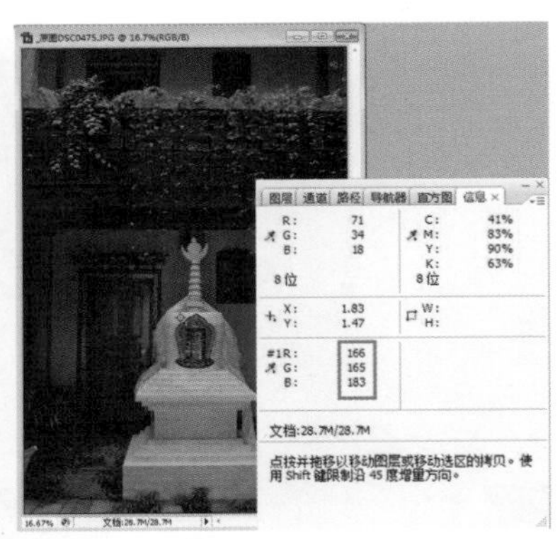

图3-38 检查白色采样点数据

图3-39 运用“色阶”调整图层

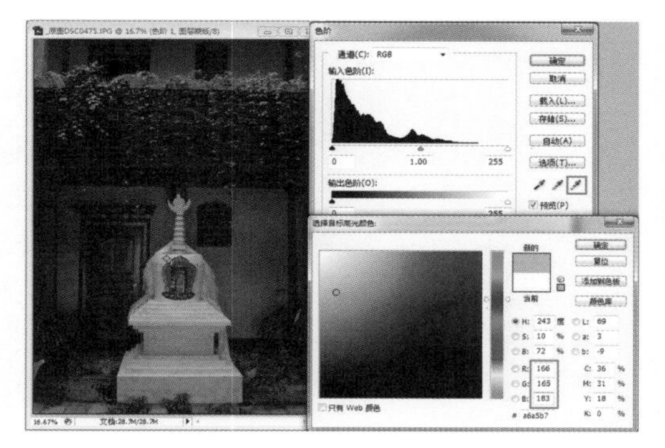

图3-40 点选白色取样点

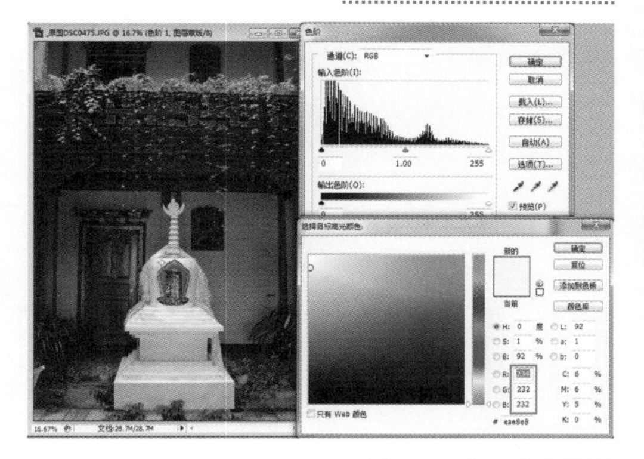

图3-41 修正偏色数据

图3-42 调整后的效果

◎ 利用黑白色数值

那么当照片中我们可以找到黑色、白色这样的参照物时，我们便可以利用它们来进行校色。具体方法如下，打开图例照片 3-37：

（1）利用颜色取样器对图中的白色区域进行取样，在信息面板中，检查采样点的 RGB 数值为 R:166，G:165，B:183，颜色偏蓝，明度过暗。（图 3-38）

（2）新建色阶调整图层，双击白色吸管，打开拾色器，点击取样点数据 R:166，G:165，B:183。（图 3-39、3-40）

（3）修改数据为 R:234，G:232，B:232，关闭拾色器。（图 3-41）

（4）用白色吸管点击采样点，偏色和明度过暗即刻被纠正。（图 3-42）

5. 匹配颜色调色

在拍摄风光照片中，有时我们会因为天气状况、拍摄时间、对象影调高反差等不理想条件而得到不甚满意的照片。匹配颜色这项功能，可以帮助我们把一个场景的光线效果与另一个场景相匹配，改变照片中的天气效果。在对照片的选择中，要合理选择两张照片的光线照度、色彩、明度等条件，使不理想照片中的相关条件能够得到有益的改善。本例（图 3–43）（阴天）这张照片拍摄于日本富士山，拍摄时天气条件不佳，富士山刚从云雾中透出身影，给照片罩上一层灰蒙蒙的外纱，原片画面灰暗、饱和度欠佳。根据以上不足条件，再选择一张日照充足、色彩饱和的拍自云南的照片（图 3–44）（晴天）以作匹配操作。具体步骤如下 :

（1）将两张图同时打开，选择要修改的图片，执行图像→调整→匹配颜色命令。

（2）匹配颜色对话框→“源”中选择匹配的对象图片文件。（图 3–45）

（3）调整“亮度”、“颜色强度”、“渐隐”选项。

除却风光摄影，我们还可以使用此项调色功能，将不同条件下拍摄同一对象的两张照片的色彩做到基本一致，也可以对人像的肤色等做出调整。

图3–44 晴天

图3–43 阴天

图3–45 “匹配颜色”面板

图3-46 原图

图3-47 在B通道调整黄色和蓝色饱和度

图3-48 在A通道调整红色饱和度

图3-49 调整后的效果

6. 用LAB模式校色

LAB 是 CIE LAB 的简称，LAB 模式具有所有色彩空间中最大的色彩范围，无限的色深，能够描述所有正常视力范围内的所有色彩。L 表示亮度，A 表示红色至绿色的范围，B 表示黄色至蓝色的范围。在 RGB 模式里，红绿蓝三个通道分别以单色的黑白影像叠加，从而形成彩色影像。因此，明度层次与色彩、反差紧密相连。而在 LAB 模式里，色彩和亮度通道分开，红与绿、黄与蓝也分别被安置在两个通道。因此，在调整色彩时，完全可以独立于明度和反差关系，对色彩在灰阶中进行专门的描述，从而获得宽广的色域空间。本例针对图例 3-46 中草地的黄色与天空的蓝色，以及马的棕红色进行调整：

（1）图像→模式→ LAB 颜色，将色彩模式改变为 LAB 模式。

（2）新建一个曲线调整图层，选择 B 通道调整黄色和蓝色的饱和度。（图 3-47）

（3）选择 A 通道调整红色的饱和度（图 3-48）。图例 3-49 是调整后的效果。

在通道面板中，将 A 通道的曲线变陡意味着强化红和绿色，曲线右肩部上提加强红色，左脚下压加强绿色；将 B 通道变陡就是强化了黄和蓝色，曲线右肩部上提加强黄色，左脚下压加强蓝色。

图3–50 原图

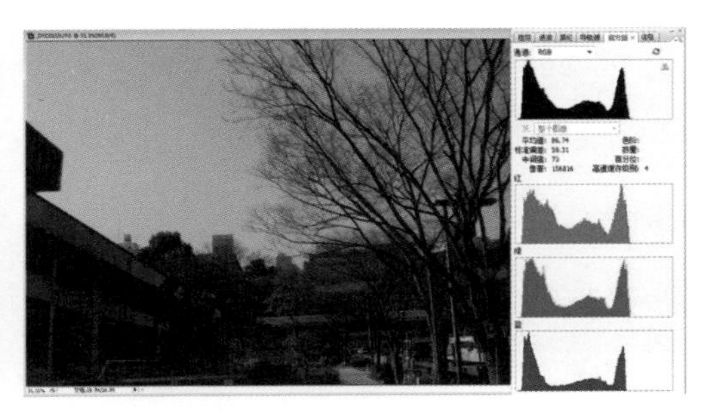

图3–51 观察分通道直方图

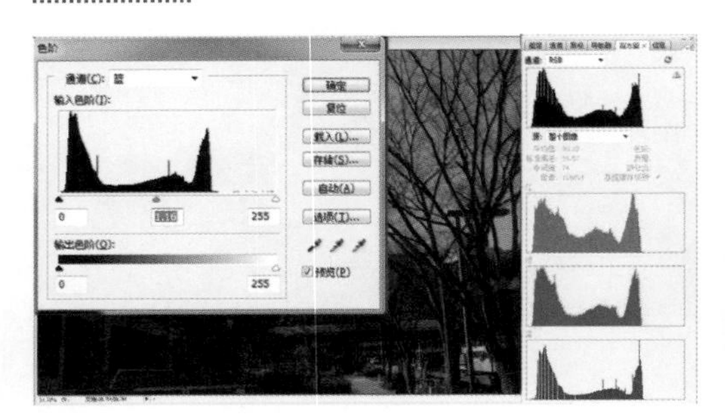

图3–52 对蓝色通道进行色阶调整

图3–53 调整后的效果

7. 调整通道亮度值来校色

（1）打开图例照片 3–50，在分通道直方图中可以看到，中间调区域蓝色通道的像素明显少于红、绿通道，因此照片发黄。（图 3–51）

（2）新建一个色阶调整图层，选择蓝色通道。

（3）将欠缺的蓝色色阶滑块往中间拉，用以增加蓝色（图 3–52）。图 3–53 为调整后的效果。

8. 黑白效果

◎ 图像→调整→去色：照片外观虽没有色彩，但因色彩模式没变，图片事实上仍是彩色的。

◎ 图像→调整→色相 / 饱和度：将色相 / 饱和度值降为 –100%，反差层次平淡。

◎ 图像→模式→灰度：将色彩模式转化为灰度，意味着丢失了色彩信息，文件尺寸减小。

◎ 色彩模式转换为 LAB 模式：将色彩模式转化为 LAB 模式→选择明度 L 通道，图像转化为黑白效果→复制全图→新建文件→拷贝粘贴。

◎ 图像→调整→通道混合器：勾选“单色”复选框，三个通道数值之和应为 100，可用“常数”选项调节图像亮度。效果鲜明，灵活性大。可以根据需要调出各种效果，但失去了彩色信息。

◎ 图像→计算：利用两个不同的通道相加进行计算，不同的计算方法获得不同的视觉效果。

四、亮度、色彩与反差

按照我们以往基于艺用色彩的显色理论，会把作为色彩三要素的色相、明度、纯度作单一的理解，即色彩的这些要素是相对独立的，并非有机地联系在一起。而在数字色彩体系里，我们要建立全新的色彩观念，即影像中的亮度、色彩与反差是一个整体，它们紧密地联系在一起，亮度的变化必定影响着色彩与反差。

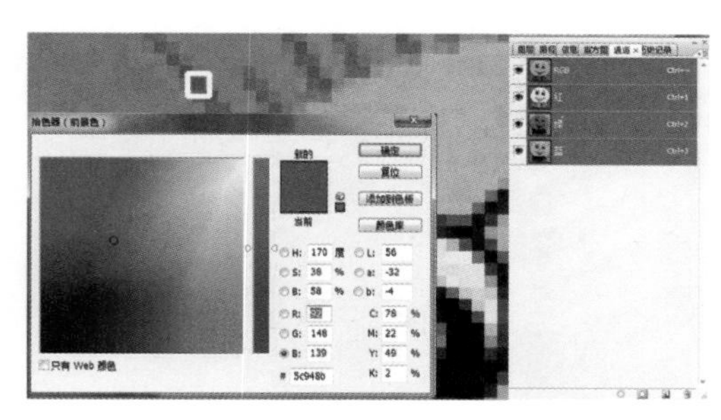

图3-54 全通道模式下的四种色彩模式数据

1. 亮度与色彩

下面我们通过分析图例照片 3-54，从数字色彩的内在基因特质来理解亮度与色彩的关系：

（1）图例中的影像为画面被放大后的局部，在全通道模式下选取图像中的一个像素，观察拾色器里显示的四对数据，分别为 HSB、LAB、RGB、CMYK 四种色彩模式显示的数据。

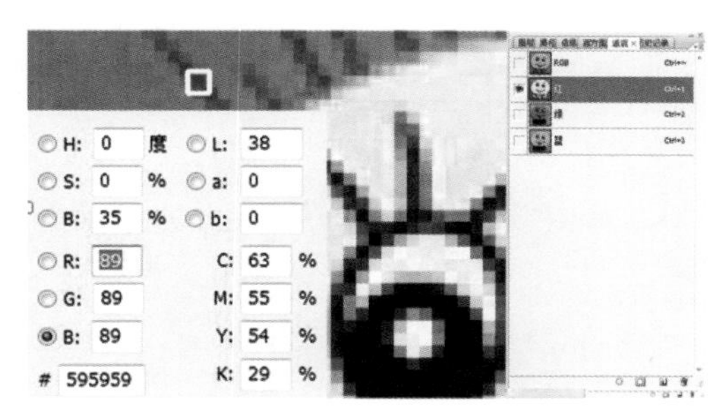

图3-55 红色通道下显示的明度数值

（2）将通道模式改为红色通道，此时，影像外观呈黑白，在 HSB、LAB 模式中，数据都显示了像素只有明度值没有色彩，拾色器显示的数据显示像素只是一个灰色。（图 3-55）

（3）同样我们将通道改为绿色，显示的是比红通道明度略浅的数据值。蓝色通道也是一样，比绿色通道更浅一些。（图 3-56）

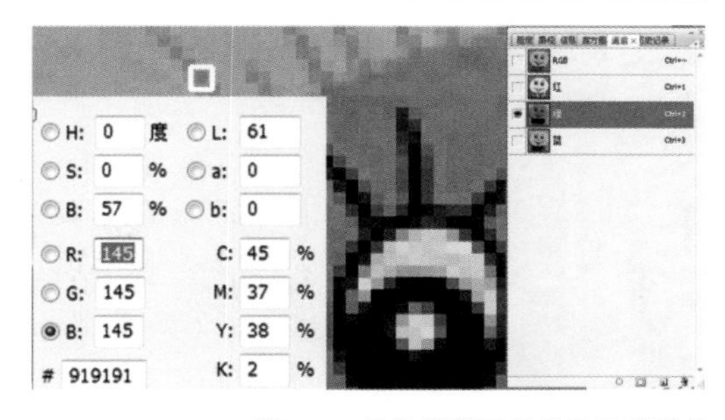

图3-56 绿色通道下显示的明度数值

根据这个检验，我们应该看到，分通道中不一样的明度值决定了色彩的变化，不同的色彩实际上只是三个通道不同的亮度组合。

2. 亮度与反差

我们再看一个例子来说明亮度与反差的紧密关系：

前面已经讲过使用 Photoshop 里的色阶和曲线命令可以调整图像的亮度，以每通道 8 位色深支持的 256 个色阶为例，每个像素在 0—255 数值间变化，数值的高低决定亮度的深浅。数值越高，明度越亮；数值越低，明度则越暗。本例通过图例 3-57 来看亮度如何相应地影响图像的反差和色彩饱和度 。

（1）我们使用色阶工具对影像进行调整，在色阶界面的下端，我们通过调整“输入”色阶的数值，亮部区域为 219，暗部区域为 24，中间层次被挤压，从而加大了影响的反差。而“输出”色阶数值的变化会引起反差的变小以及饱和度的降低。（图 3-58）

（2）我们使用曲线工具，在面板下方将“输入”曲线值进行修改，左下方暗部区域输入 24，右下方输入 219，影像得到了和色阶命令完全一样的调整。同理，利用调整“输出”曲线数值，我们可以得到平缓和低饱和度的图像。（图 3-59）

图3-57 原图

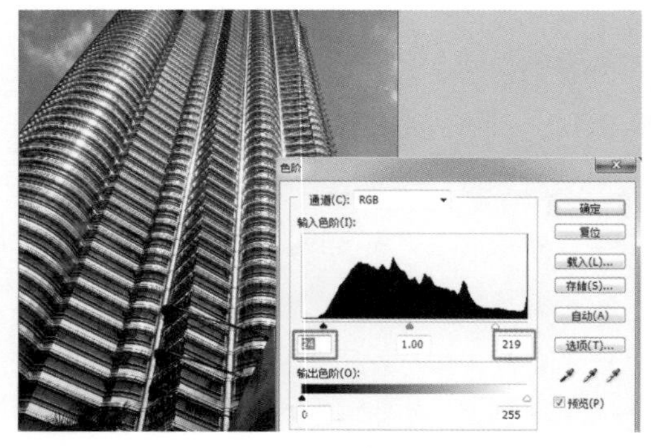

图3-58 “色阶”命令中的亮度与反差

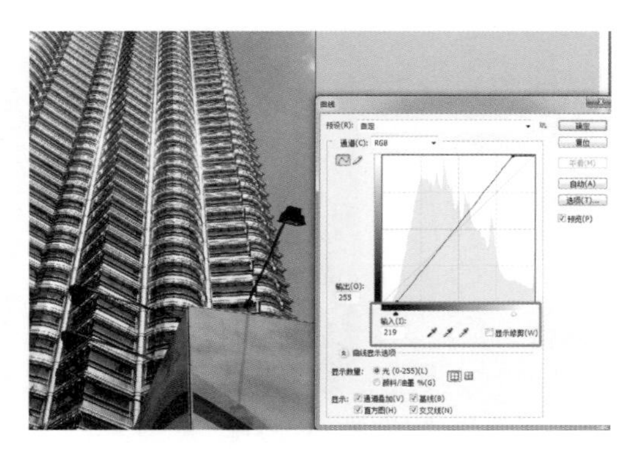

图3-59 “曲线”命令中的亮度与反差

图3-60 原图

图3－61 新建红通道副本

五、选区与抠图

选区是指图片中被选定的、将要被处理的区域。我们根据选区工具的不同，可将操作方法分为手工与自动两大类。自动选区方法操作方便但精确度不高，而手动选区方法精确度高，但是需要很强的控制性，耗时耗力。制作选区时我们要根据具体情况利用各种方法的优势来进行，以便用最短的时间作出最精确的选区范围。下面我们对常用的几种方法作一介绍：

1. 利用选区工具

自动选区：利用魔棒、魔术橡皮擦这些方式制作选区。可以简单直观地进行操作，但需要利用图像本身的条件特征，通常在主体与背景反差强烈时运用，同时利用容差值的大小来控制被选择的像素区域。

手工选区：利用矩形选框、钢笔描点、套索这些选区工具制作选区。

因为上述工具技巧并不复杂，因此限于篇幅我们在此不过多地探讨基本的选区问题。

2. 色彩范围选取法

本例中我们针对图 3-60，利用色彩范围选取法对照片进行替换天空的操作。

（1）进入通道面板→选择反差强的红色通道并复制→新建红通道副本进行粘贴。（图 3-61）

（2）用色阶加大反差→执行选择 / 色彩范围命令，用吸管和加号吸管工具多次点击天空，配合容差值，直至白色天空与黑色建筑物效果完全分离，确定天空选区。（图 3-62）

（3）选择 RGB 通道并回到图层面板，用 Ctrl+J 命令新建图层，命名为“图层 1”。图像为抠图后的天空。（图 3–63）

（4）打开替换天空的素材照片，Ctrl+A 全选→ Ctrl+C 复制→按 Ctrl 并点击图层 1 获得天空选区→执行编辑 / 贴入命令，天空被贴入选取的范围。（图 3–64、3–65）

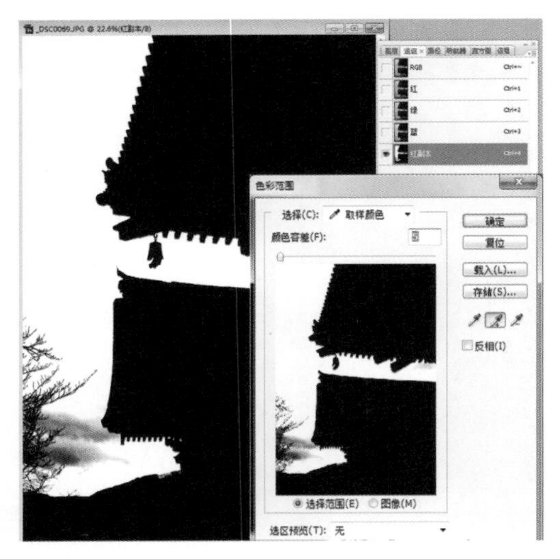

图3–62 制作天空选区

图3–63 生成天空选区的图层

图3–64 天空素材

图3–65 调整后的效果

图3-66 原图

3. 通道选取法

图 3-66 照片中的景色正处于华灯初上、自然光与人照光并存的状态，天空深沉的蓝色在暖色灯光的衬托下格外迷人。但在原图中两种光线的色彩表现不尽如人意，未能表现出当时的视觉感受。我们用两种色彩通道可以快捷准确地对上述不足进行修改：

（1）打开通道面板→按住 Ctrl 键并点击红色通道→再回到 RGB 通道。（图 3-66）

（2）回到图层面板→ Ctrl+J 键复制红通道选区→对“红色”图层加大饱和度。（图 3-67、3-68）

（3）同理，打开通道面板→按住 Ctrl 键并点击蓝色通道→再回到 RGB 通道。

（4）回到图层面板→ Ctrl+J 键复制蓝通道选区→将“蓝色”图层的混合模式改为正片叠底。

图3-67 选取红色通道作为选区

图3-68 复制选区并作调整

图3-69 原图

图3-70 制作天空选区和蒙版图层

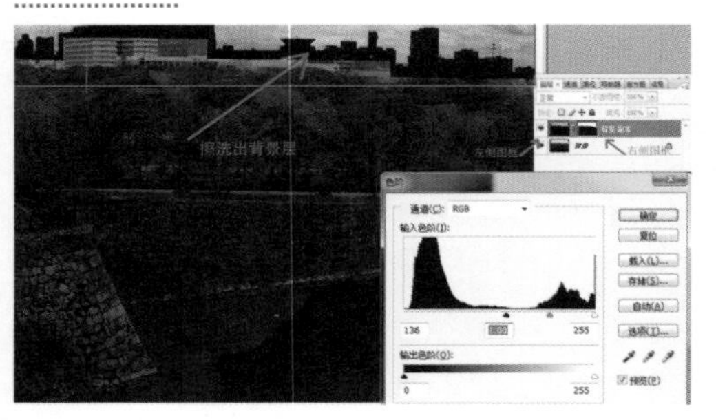

图3-71 分别对蒙版中的白色与黑色区域进行处理

图3-72 天空选区的色相／饱和度调整

4. 图层蒙版选取法

图层蒙版如同一个遮罩，可以帮助我们对照片中需要修改和不需要改动的部分做出隔离，它最大的优势是修改后的操作对原图无损，我们可以通过调整图层蒙版来改变不满意的操作。蒙版中的白色部分是其作用的选区，操作后的图像信息被叠加在原始图层上；而黑色部分表示遮挡的区域，被遮挡的部分显示背景层的原始信息。这样我们就可以利用蒙版对需要改变的部分做选区进行局部的调整。下面我们来看图 3–69 这张照片，我们只希望对天空作选区调整而不影响其他的区域：

（1）建立背景副本新图层，用套索工具对天空作选区。点按添加图层蒙版按钮，建立图层蒙版。此时白色区域表示天空选区，黑色部分表示透明隔离区。（图 3–70）

（2）点按蒙版图层中的左侧图框，对天空进行色阶调整。（图 3–71）

（3）点按蒙版图层中的右侧图框，点选橡皮擦工具，同时确认前景色为白色，对图像和蒙版边缘重叠区域（天空与建筑物边缘）进行擦洗。（图 3–71）

（4）点按蒙版图层中的左侧图框，回到天空选区，进行色相 / 饱和度调整，使色彩更为自然。（图 3–72）

5. 滤镜→抽出

利用 Photoshop 的滤镜→抽出命令，我们可以针对毛发等繁琐的细节进行抠图。本例我们用此法抠出图 3–73 照片中的主体，以便为它替换一个背景。

（1）打开图片，Ctrl+J 三次复制背景层，分别得到“背景副本”、“背景副本 2”和“背景副本 3”。填充前景色至背景副本，放于背景副本 2 和背景层之间。为突出受光头发的细节，前景色宜选择中低色调。（图 3–73）

（2）对“背景副本 2”执行滤镜→抽出命令。勾选强制前景选项，色彩为白色，用边缘高光器工具涂抹绿色，以抽出高光发丝。发丝边缘的笔触要放大操作勾选得很细致，中间部分可以使用大的笔触。（图 3–74）

（3）抽出后用橡皮擦或蒙版工具清除边缘的杂色，并按照具体画面调整图层的不透明度，使边缘显得自然、柔和。

（4）对“背景副本 3”添加图层蒙版，用黑画笔涂抹掉原图的背景，使之露出替换的背景与边缘的发丝（图 3–75）。图 3–76 是完成后的效果。

图3–73 原图

图3–74 执行“抽出”命令

图3–75 “抽出”后的背景处理

图3–76 完成后的效果

六、锐化和降噪

1. 锐化原理

在数字后期调整结束后，输出前我们一般会利用锐化来增加图像的可视清晰度。锐化的基本原理是利用人眼将边缘反差明显的物体视为清晰的视知觉特征，用加强物像明暗边界反差的方式使图片看起来清晰。锐化的方法有很多，我们要根据具体的情况选择恰当的锐化方式，但是无论哪种方法，要注意的是一旦锐化过度就会产生噪点，这也是锐化的技术难点。下面我们介绍几种常用的锐化方法。

2. 常用锐化方法

◎ USM 锐化：USM 锐化是 Photoshop 中功能强大，使用最多的锐化滤镜，它有三个变量调节部分，我们可以根据它们之间不同的组合，应对各种不同的拍摄题材需要生成千变万化的锐化效果。

数量：指锐化的程度。数值越大，锐化效果越明显。

半径：指锐化的效果可以影响到周边多少像素。半径越大，边缘效果的范围越广，锐化效果越明显。

阈值：指锐化中被介入的色阶像素差别值，即锐化相邻两像素的亮度变化值。它用色阶差别来决定锐化的像素必须与周围区域相差多少，才被滤镜看作边缘像素并被锐化。低数值使像素清晰，高数值排斥像素。因此阈值越小，起作用的像素范围却越大，反差也越大，锐化效果越明显。

◎ 强化边缘锐化：根据锐化的原理我们知道，锐化实际上是以加强物像边缘轮廓的反差来达到视觉清晰的目的，明晰的细节边缘对照片是否清晰至关重要。在 Photoshop 里，我们可以利用滤镜中的查找边缘、浮雕效果、基底凸现等简单易行的方法得到物像的边缘，下面我们举例介绍，大家可以根据案例举一反三地进行练习。

方法一：

（1）打开图 3–77，复制背景副本图层→执行滤镜 / 风格化 / 浮雕效果命令，光照角度与照片光源保持一致，数值大小以确认出现画面细节图案为准。(图 3–78)

（2）将背景副本图层的混合模式改为“叠加”，并根据画面效果将图层的不透明度调到合适的数值。图 3–79 为调整后的效果。

不仅如此，如果我们能够只对轮廓边缘进行锐化而不影响到图像的其他部分，还可以大大减少影像出现噪点的机会。

方法二：

我们看下一张图例 3–80，图例中除主体雕塑外背景暗部深重，容易造成锐化引起的噪点。

我们试图将轮廓边缘选区独立出来，单独进行锐化。

图3–77 原图

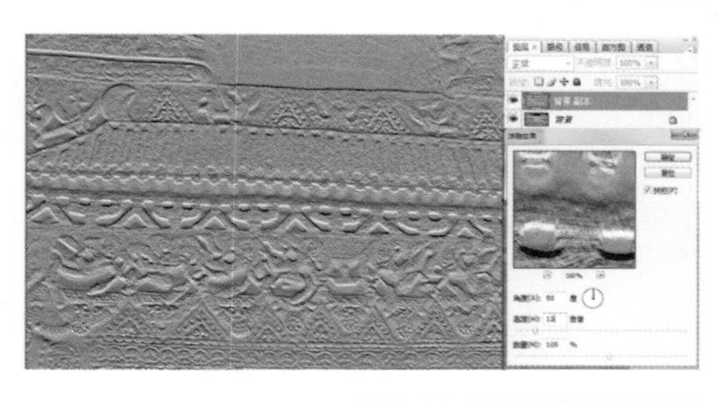

图3–78 制作浮雕滤镜效果

图3–79 调整后的效果

图3–80 原图

（1）放大图片，Ctrl+A 全选照片→ Ctrl+C 键复制图片。（图 3–81）

（2）新建通道→ Ctrl+V 粘贴→对新通道执行滤镜 / 风格化 / 查找边缘命令→用图像 / 调整 / 色阶命令强化边缘反差。（图 3–82）

（3）按住 Ctrl 键同时点击新通道，将 Alpha 通道作为选区载入→选择 / 反选，获得边缘选区→回到 RGB 通道。（图 3–83）

（4）回到图层面板→ Ctrl+J 复制图层 1，对其执行滤镜 /USM 锐化。（图 3–84）

图3–81 复制全图生成新通道

图3–82 在新通道中查找并强化边缘

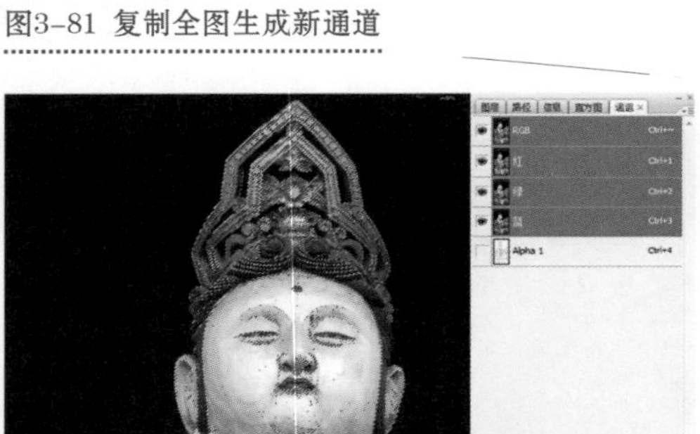

图3–83 制作边缘选区

图3–84 在图层中锐化边缘选区

◎ 明度锐化：前面章节我们提到，LAB 模式下明度通道和色彩通道分离，因此我们可以利用明度通道只对图像的亮度进行锐化，这样做的目的是锐化后的色彩和噪点不会相应受到影响而夸大。具体制作方法如下：

（1）图像→模式→ LAB 模式，改 RGB 色彩模式为 LAB 模式。

（2）窗口→通道→选择明度通道。

（3）滤镜→锐化→对明度通道进行 USM 锐化。

（4）色彩模式由 LAB 模式改回 RGB 模式。

第四章

数字影像的输出

目标：通过对本章的学习，学生可熟悉数字影像输出的各种形式和设备，其技术原理、输出特点和市场动态，能够在输出手段的选择上具有针对性和准确性；了解影像在输出环节的质控应用，以便针对不同的输出方法准确地调节相关设置。

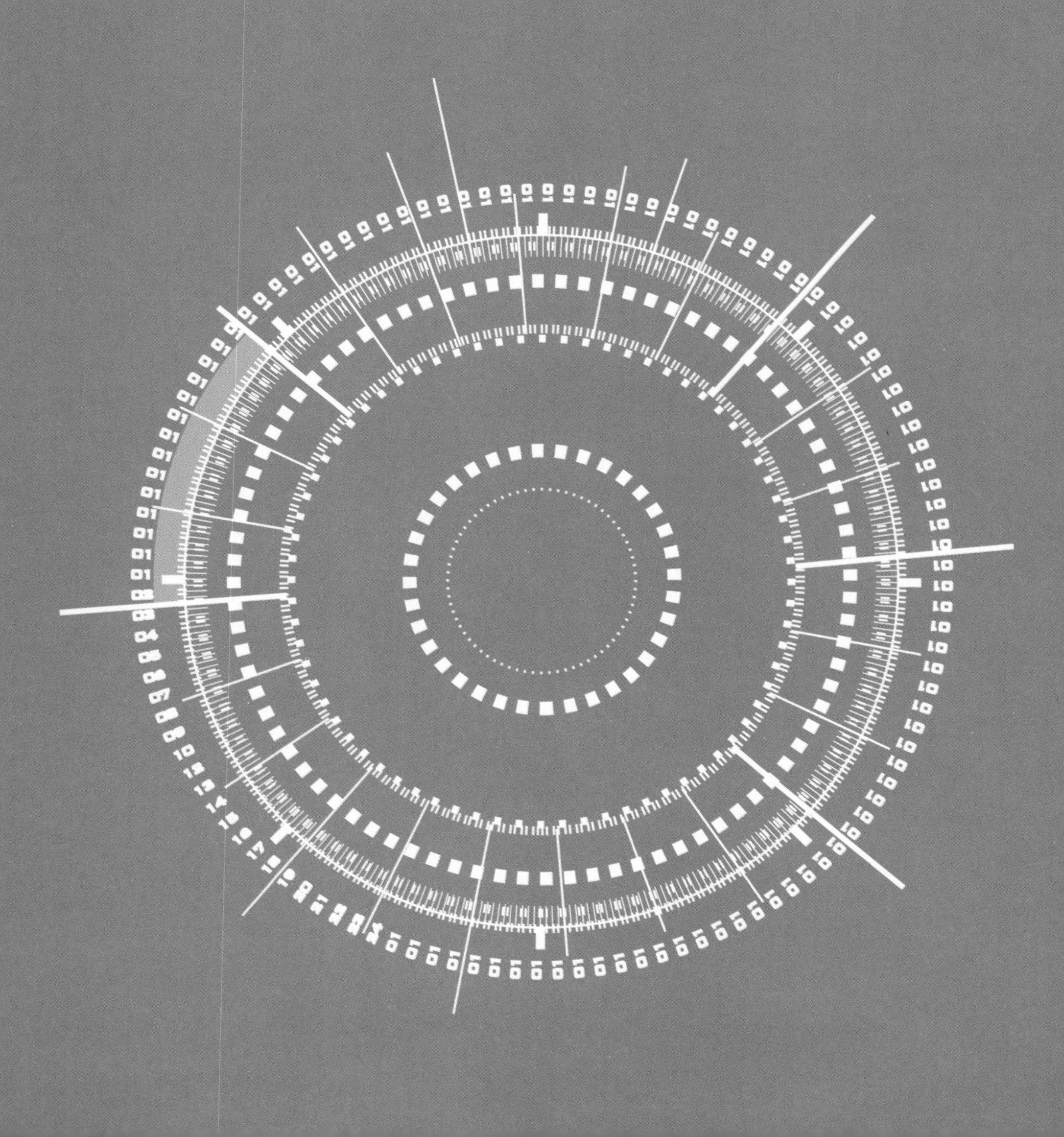

第一节 图像输出设备的分类

一、使用光学原理成像的图像输出设备

1. 数字彩扩冲印

所谓数字彩扩，是由现代数字成像技术与传统银盐影像冲印技术整合而成，即数字影像信息通过数字曝光系统，将电信号转换为光信号，成像于传统银盐相纸上，然后用彩色感光材料的冲洗工艺(如RA-4工艺)，经过彩色显影、漂定等过程，冲洗得到彩色照片。其获得的数字彩扩照片，色彩鲜艳，颗粒细腻，层次质感俱佳，照片保存长久。数字彩扩冲印的特点是：高速度、高质量、低成本。作为输出媒介的感光相纸，质感也优于普通的打印纸。整套设备主要由数字输入、数字处理、数字成像曝光、走纸冲印等部分组成。其中数字成像曝光系统是数字彩扩机的核心部分，其方式有：CRT（阴极射线管）、VFPH（荧光管技术）、DLP（数字芯片成像技术）、LASER（激光）、MLVA（微光阀）、LCD（液晶显示）、LDD（LED屏+LED板）等。经历近几年数字彩扩技术发展和市场甄别，目前数字彩扩曝光系统的主要模式是：LDD（LED屏+LCD板）和LASER（激光）。

LDD技术：LDD数字曝光系统，是利用LED（RGB发光二极管）阵列微光阀作光源，与透射式LCD作数字成像源结合使相纸曝光。面阵曝光时，压电陶瓷或光学偏振镜移位或机械定位装置控制LCD板，对像素施以微位移，以硬件插值法提升图像分辨率。由于LED(RGB)光源具有与激光相同的色纯度，色彩表现力极佳。LDD（LED+LCD）数字彩扩机，可以分为内置式LDD数字彩扩机和外置式LDD数字曝光器——数字曝光片夹两类。

LASER技术：LASER即激光，是通过激光头扫描并输出数字信息的方式对感光材料曝光，拥有极高的清晰度，色彩丰富、锐度鲜明，而且很容易实现大幅面的曝光。LASER技术的历史不长，发展却异常迅猛，已几乎独步大幅面数字影像输出的天下，代表机型如激光数字彩扩机

Lambda，最大输出可达 1.27 米 × 无限长，LightJet 最大幅宽可达 1.9×3 米。激光数字系统结合传统的卤化银照片加工技术和最新的激光数字技术制造而成，色域宽广，色彩管理极为精确。影像由银盐化学微粒形成连续的影调，输出的画面无砂无网，能够达到极丰富的层次并使色阶过渡细腻，完全避免了图片放大过程中的画质损失，100% 再现原稿细节。属百万元级数码设备，是目前市场上最为高档的数字冲扩设备。（图 4–1、4–2）

图4–1 意大利Lambda 130 plus数字激光输出机

图4–2 加拿大LightJet 500XL数字激光输出机

二、使用打印法的图像输出设备

1. 打印机

打印机是计算机的输出设备之一，用于将计算机处理结果打印在相关介质上。打印机按照打印原理可分为彩色激光式、喷墨式、热转印式等几种，它们有各自的特点和市场。掌握各种类型打印机的特点、用途和技术市场动态，对我们以后的实践有很大的帮助。

◎ 喷墨打印机：喷墨打印机是目前用打印法进行照片输出的主要方式。它具有打印速度快、打印成本较低、打印质量高、耗材容易购买等特点。随着喷墨打印技术的不断成熟，在高端照片打印领域，以“色彩、品质、持久”完美组合的绝对优势为特质的艺术微喷，成为目前世界上最好的打印输出方式。所谓“艺术微喷”，它由顶级打印设备、专用耗材及专业色彩管理软件，将不同纸张特性及色彩曲线与标准色谱的差异进行测量、修正和预置，在输出时调用预置数据，对每件作品实行单独操作，以达到收藏级的最佳输出效果。在打印介质方面，艺术微喷使用收藏级别的专用纸张，诸如水彩纸、宣纸等各种效果都有了实现的可能，其多元化的选择使影像的表现也突破了传统单一的相纸输出的缺陷。色彩保存期限更是达到了百年以上，是革命性、历史性的技术进步。精确的色彩控制、丰富的细节表现、多元的输出介质、逼真的画面效果、长期的保存年限，是艺术品复制的最佳方式。目前国际上许多知名的博物馆，都在使用艺术微喷进行艺术品复制的工作。（图 4-3、4-4）

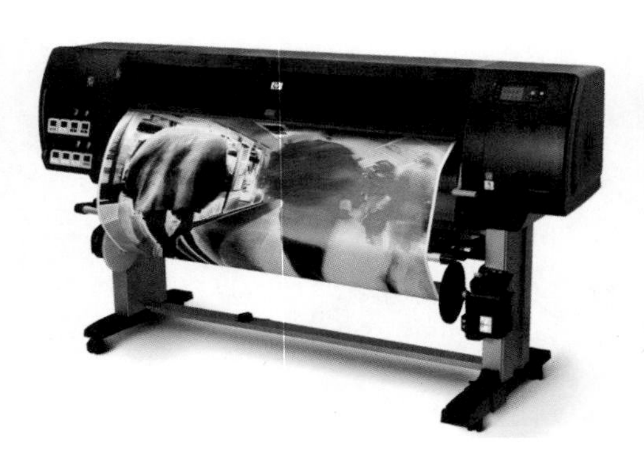

图4-3 惠普Designjet T7100喷墨打印机

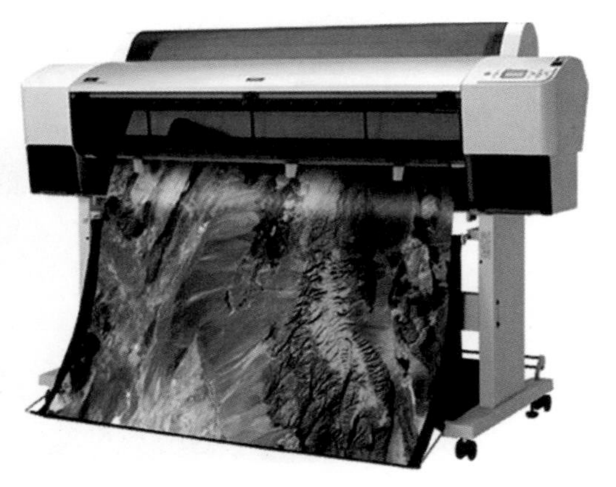

图4-4 爱普生9800喷墨打印机

◎ 彩色激光打印机：彩色激光打印机输出速度快、质量中等，输出效果能满足图像的基本输出要求；常见为A4幅面，打印速度快，文字清晰，噪音小，适合商业文稿和适量图片的办公打印需求，但无论从最大打印幅面还是影像素质上，都不能满足商用图像专业输出的需求。

◎ 热转印打印机：热转印打印机是将青、品红、黄、黑四色固体颜料经加热直接转化为气态，再喷射到打印介质上，通过温度的高低调节可以控制色彩的比例与浓淡，从而实现连续色调的照片效果。其特点是输出效果好、速度慢、成本高。图像质量与具有1440dpi分辨率的喷墨打印机打印的图像相当，因此在要求高画质的数字影像打印方面应用广泛。它可以说是数字相机的最佳拍档，因此，这种打印机又常被称作彩色数字照片打印机，特别适合打印以人像精致细腻的皮肤质感为要求的图片，也具有长久保存不易褪色的特点。

2. 喷绘

◎ 写真机：写真机是一台连续供墨、大幅宽（多数为1.52米）、用来做户内高精度广告的打印机。主要用来制作户内招贴画、展示板、海报等。此外，可以在工程图纸和硫酸纸上出CAD图。它的优点是：喷画的色彩艳丽，饱和度好，精度高，特别适合做商场等场所的户内广告，比较适合近观。写真机用的是水性墨水，无味不防水，所以要覆膜。现在也有不怕水的弱溶剂写真机。写真机主要的输出介质为有涂层的材料，如写真布、相纸、pvc片等。

◎ 喷绘机：喷绘机主要应用于大型户外墙体广告和招牌，喷绘机幅面大，通常在3.2—5米；它的优点是耐气候性强，画面耐紫外线，耐风吹雨淋，在户外放置长时间不会褪色变色。它的缺点是：喷画的精度和色彩与写真机相比差一些。喷绘机用的是油性墨水，有强烈的刺激性气味，输出介质为喷绘布，也可以打车贴等。

三、显示图像的输出设备

主要为彩色显示器和电视机。彩色显示器既是数字影像进行显示浏览的屏幕，也是数字影像进行后期调整处理不可或缺的硬件设备。

显示分辨率是显示器的主要技术参数，是图像解像力的标志。显示器现有多种规格，常见的中档 17 寸显示器分辨率为 1248×1024、高档 19 寸显示器分辨率为 1600×1200、专业 21—22 寸显示器分辨率为 2048×1536（1920×1440）。显示器的种类和用户所选择的显示参数共同决定了显示分辨率的高低。一台 19 英寸显示器，其对角线长度为 19 英寸，实际屏宽为 15.2 英寸。如用户选择 1600×1200 像素的显示参数，其显示分辨率为 1600÷15.2=105dpi；如选择 800×600 像素的显示精度，其显示分辨率为 800÷15.2 = 52.5dpi 了。由此可见，所选屏幕区域大小决定了显示器中显示的图像大小，屏幕区域值设定得越小，则屏幕中显示的图像面积越大。

显示器是发光体而照片是反光体，所以显示器上看到的照片和输出的照片显色不完全一致，会存在一定偏差，我们要学习体会这种差异，在图像色阶、灰度等方面做实验比较，依靠我们的视觉经验来找出规律，并用专业的色彩管理进行控制，以最大限度地减少这种差异。

图4-5 相同图片在显示分辨率为1680×1050时的图像大小

图4-6 相同图片在显示分辨率为800×600时，显示尺寸被放大

第二节 输出质控应用

在输出图像时，我们要针对输出方法进行有效的质控，输出成相片、制作成印刷品还是屏幕显示，所需的输出分辨率大相径庭。我们要根据输出尺寸和所需的输出图像分辨率为图片指定图像大小。当分辨率高于所需值时，会造成存储资源的浪费；低于所需值时，图像就达不到满意的输出画质，因此输出前必须要调整分辨率至所需的值。一般来讲，使用彩色喷墨打印机打印，分辨率要在 200dpi 以上；扩印照片要有 300dpi 的分辨率，大画幅的照片由于观看距离的改变，可以降低分辨率至 180dpi 左右；印刷分辨率以每英寸的网格线数（lpi）为单位，专业画册杂志要达到 175lpi，新闻报纸控制在 80lpi 左右。一般网线数控制在 50—230lpi 的范围之间。

在 Photoshop 里，我们可以在后期输出前为图像重新定义图像尺寸，以确定图片的最终分辨率。在图像→图像大小界面中，如果勾选“重定图像像素”选项，可以独立地更改图像尺寸或分辨率，此时图像中总像素数也会随之更改，计算机会根据所定的图像尺寸或分辨率来进行上取样放大照片或者下取样缩小照片；如果关闭“重定图像像素”选项，则可以在锁定总像素数不变的前提下更改图像尺寸或分辨率，无论更改分辨率或图像尺寸，只是将总像素数重新分配而已，软件根据图像长宽尺寸或分辨率中的其中一项值，来自动调整另一项数值，即新的图像尺寸导致分辨率的变化，新的分辨率导致图像尺寸的变化，图像尺寸与分辨率之积一定与总像素数相等。所以，在总像素不变的情况下，分辨率只对图片输出尺寸有影响，并不影响图像质量，总像素数决定图片的质量。同样像素总量的文件，可以输出为内在分辨率大但输出尺寸小的画面，也可以输出成内在分辨率小而输出尺寸大的画面。

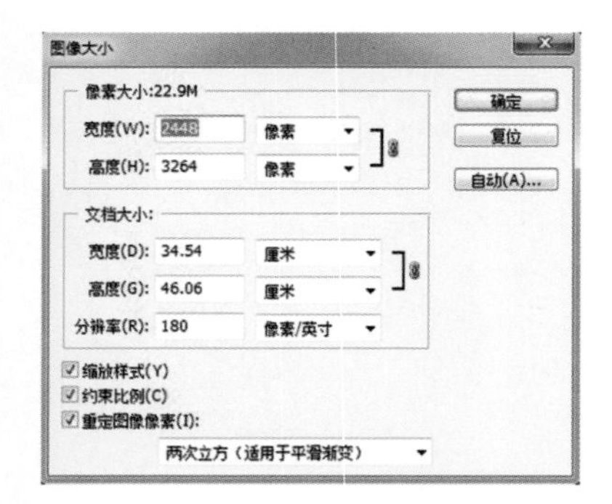

图4-7 图像大小——重定图像像素

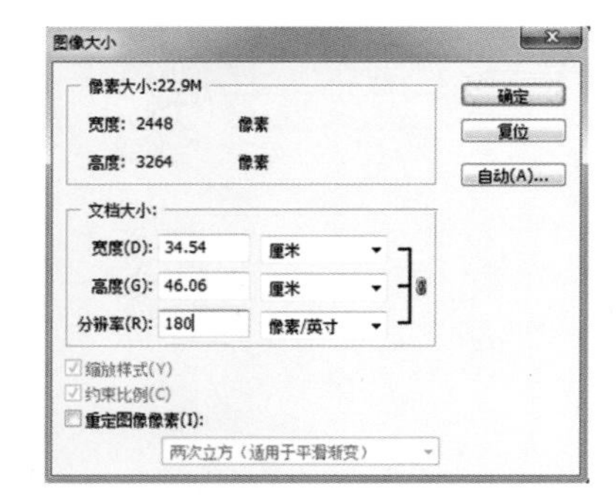

图4-8 图像大小——锁定总像素数

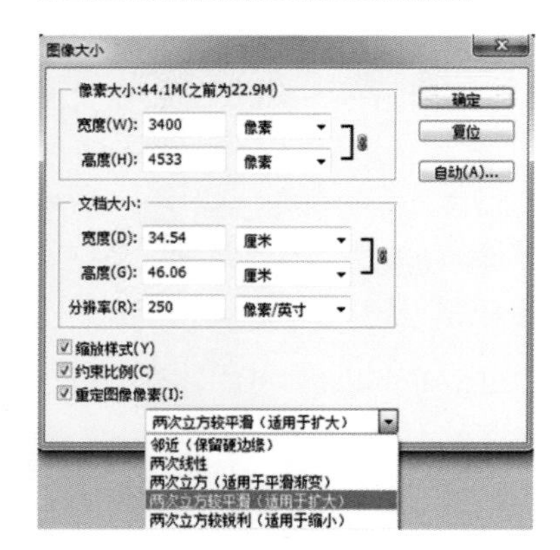

图4-9 插值与放大

1. 更改图像的打印尺寸和分辨率（图4-7、4-8）

（1）选取图像→图像大小 。

（2）更改打印尺寸或图像分辨率，或者同时更改两者。

（3）如果要保持图像当前的宽高比例，选择“约束比例”。

（4）在“文档大小”下输入新的高度值和宽度值。

2. 插值与放大

插值和放大是图像重新分布像素时所用的运算方法，它可以使图像通过重新取样，在输出时扩大原来的数值。Photoshop 会使用多种复杂方法来保留原始图像的品质和细节。具体的方法如下。（图 4-9）

（1）图像→图像大小→勾选“重定图像像素”。

（2）选择插值方法，照片要选择“两次立方”，可以使图像的边缘得到最平滑的色调层次，速度慢但效果好，是照片的理想选择。

（3）在文档大小或图像分辨率处输入插值放大后的新数值。

第五章 色彩管理

目标：通过理论学习、实地见习和实践操作，学生可了解有关色彩管理的概念原理、步骤和方法。掌握色彩管理在摄影应用中的必要环节，提高对图像色彩的质量监控能力。

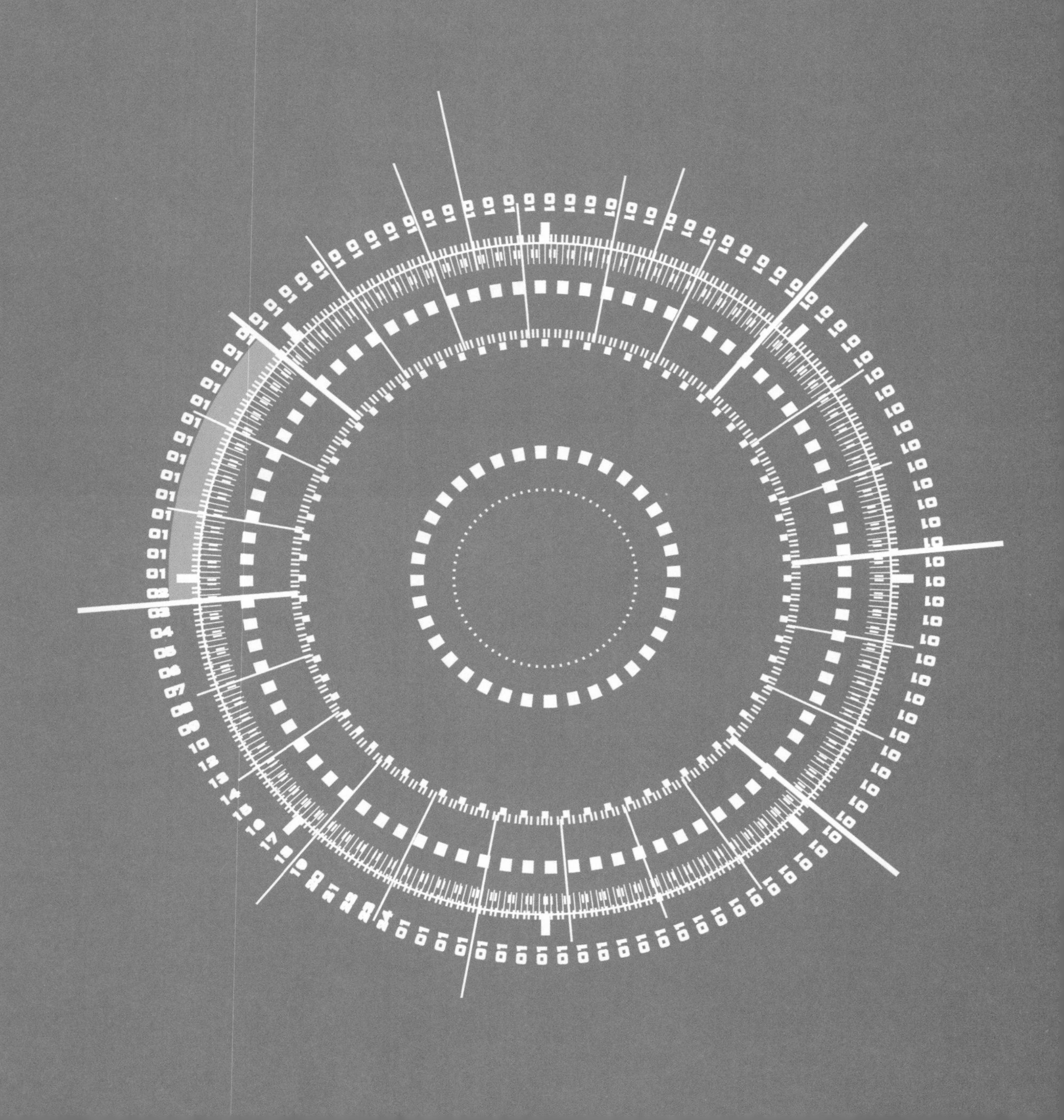

第一节　色彩管理的目的和意义

色彩管理是在数字图片输入、处理和输出过程中使色彩恒定不变的技术和方法。它协调了色彩系统和设备的相关特性，使色彩还原在各个仪器的色彩表现能力范围内，在数字化流程的各环节中保持一致。

根据前文我们知道数字影像系统由影像输入、后期制作和后期输出三大部分构成，各个环节牵涉到相机、扫描仪、显示器、打印机、彩扩机、印刷机等不同技术标准的软硬件，它们在色彩空间、色彩表现、承载介质等方面都有很大区别，因此很难在色彩还原上保持一致。如果没有色彩管理，会导致影像的色彩在各个流程的步骤中产生不同的偏差。因此在数字影像的整个系统中，我们对每一个环节中的每一种设备都要进行严格的色彩管理，以求达到色彩最大程度上的恒定一致。

第二节　色彩管理的原理与方法

1. 色彩知识

数字影像的整个系统流程都与数字色彩系统息息相关，在数字技术蓬勃发展的今天，数字色彩以其科学性、完善性、普及性成为最为出色的色彩科学系统。今天，我们有必要回顾一下历史上曾经用于研究色彩的体系以及它们的系统特点。

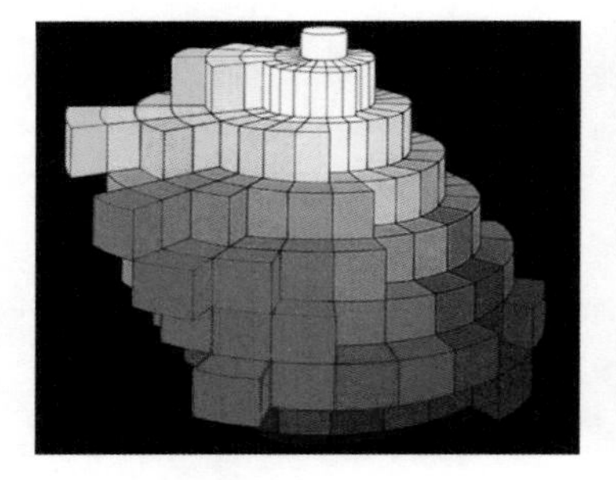

图5-1 蒙塞尔色立体

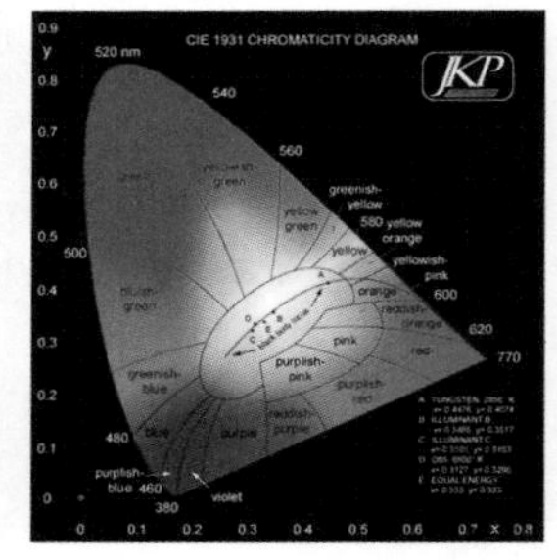

图5-2 CIE 1931 色度图

◎ 蒙塞尔显色系统：蒙塞尔色彩体系创建于 16 世纪至 20 世纪初，是应对当时绘画、印刷等领域的颜料色彩，创建的针对观察物体反射光成色的减色模式。(图 5–1)

这种和颜色相关的色彩学，主要用于视觉艺术领域里，强调色彩的分类和视觉特征，我们熟悉的色相、明度、纯度为色彩的三要素，三原色为红、黄、蓝。长期以来，这种色彩系统对我国的艺术色彩教学影响颇深。

◎ 色光混色系统：1913 年，国际照明协会制定了 CIE1931–XYZ 混色系统，专门研究基于红、绿、蓝三种色光混合后的加色模式。从光学色彩的角度将色度学上的光学三原色相加，混合出白光，这大大扩展了显色系统色域的范围，应用领域也受到广泛的拓展。(图 5–2)

◎ 数字色彩系统：数字色彩系统将蒙塞尔显色系统的减色模式与色光混色系统的加色模式加以整合，用自己独特的技术语言，将模拟色彩转换为数字色彩，体现在相应的色彩模式上。

2. 色彩管理原理

为了解决色彩管理领域混乱的问题，在 1993 年建立了国际色彩联合会 ICC（International Color Consortium），其作用就是创建色彩管理的标准和核心文件的标准格式，使各种设备能够在一个独立于设备之外、通用性好的色彩管理系统平台上准确地转换色彩。开发的核心是 ICC Profile（ICC 色彩特性文件）和色彩管理模块（CMM）。这两者保证了色彩在不同应用程序、不同电脑平台、不同图像设备间传递的一致性。一般情况下，在色彩管理实施的时候颜色转换是要经过连接空间（Profile Connection Space，简称 PCS）进行转换的，它像一座架构在各设备间的桥梁，先把源色彩空间的颜色转化到 PCS 空间，再由 PCS 空间转换到目标色彩空间，连接空间一般是与设备无关的空间，使用大色宽的 LAB 或者 XYZ 色彩空间来描述色彩，以便能够涵盖所有设备的色宽（图 5–3）。这样，通过数据在不同设备中的转换，便实现了相同颜色在源文件到目标文件外观上的一致，以达到最好的色彩还原。

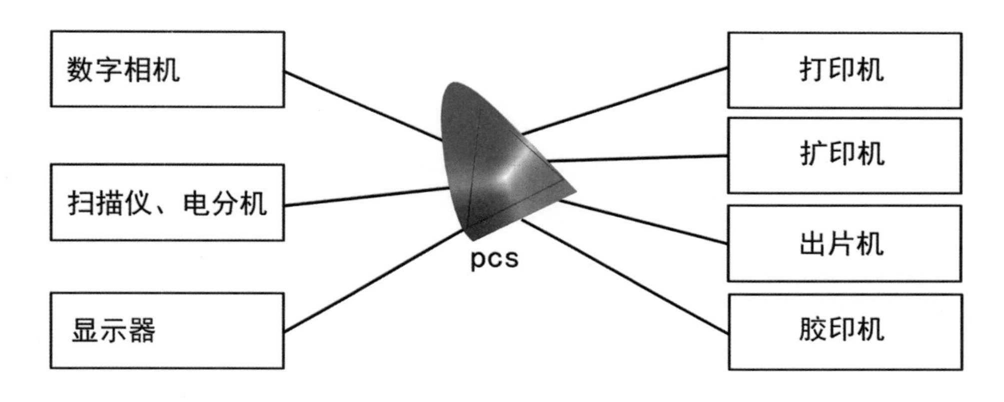

图5–3 色彩管理各环节色彩转换连接示意图

3. 设备特性文件

设备特性文件由设备自带或自制生成，用来关联与设备无关的特性文件。包括以下三类：

◎ 源特性文件：指来自于数字相机、扫描仪等输入设备的、自身带有标签的原始文件或是初次被嵌入 ICC 的原始文件。

◎ 显示器特性文件：指显示器用以显示色彩的 ICC 色彩空间。分为自带的 ICC 或由屏幕校正生成的 ICC。

◎ 目标特性文件：指输出设备的 ICC，分为设备自带或自测形成的 ICC。

4. 色彩管理的三个步骤

色彩管理由设备校正、设备特征化、转换色彩空间三个步骤组成。

（1）设备校准

首先打开设备（扫描仪、显示器、打印机等），启动测试软件或程序，用计算机或色度计读出色彩数据，并用测试软件算出色彩误差值。

（2）建立特性文件

根据测试结果，测试软件会自动形成设备的特性文件，并校正色彩偏差值。

（3）色彩转换

根据输出的要求，色彩管理系统将自动实行不同设备间的数据转换。具体过程如下：

◎ 利用色彩特性文件：通过数字相机、扫描仪、电分等输入设备将获得的源文件与 PCS 对应，因为每种设备都可再现一个有限的颜色范围。我们把一个设备能再现的颜色称为色表，色彩管理系统将把设备的色表转换为与设备无关的 CIE LAB 颜色模式，然后进行设备间的颜色映射处理。PCS 再与输出设备的 ICC 相对应，将转换后的与设备无关的颜色信息嵌入到另一个输出设备的色表中，计算出目标文件中再现的准确色彩数据，从而使设备间的色表能对应起来。一般要指定再现意图。

◎ 利用 CMM 色彩管理模块：CMM 色彩管理模块也称为颜色引擎，是色彩管理系统的一部分，负责将一个色彩空间的色域直接映射到另一个色彩空间的色域中，从而保证色彩在其管辖范围内实现外观上的一致。具体方法是由 PCS 直接把源文件和目标文件的颜色转换表连接在一起建立转换表，通过转换表 CMM 直接将源图像数据进行运算并传送到目标设备。

引擎包括：

Adobe ACE：使用 Adobe 色彩管理系统和颜色引擎。这是 Photoshop 中默认的 CMM。

Microsoft ICM：（Windows）使用 Microsoft ICM 色彩管理系统及其默认的色彩匹配方法。

Apple ColorSync：（Mac OS）使用 Apple ColorSync 色彩管理系统及其默认的色彩匹配方法。

Apple CMM：（Mac OS）使用 Apple ColorSync 色彩管理系统和“颜色设置”对话框中所选的着色方案。

5. Photoshop色彩管理框架

（1）源文件与目标文件的制定

当我们在 Photoshop 里打开一张图片，在其色彩空间里，源描述文档和目标描述文档可能会出现不一样的情况。这时操作者就要选择是否对照片进行色彩管理，软件会用对话框提出询问警告，可以通过预先设置指定色彩管理的方案。

具体选项是：编辑→颜色设置菜单，在“色彩管理方案”选框里，选择色彩管理的方法，对以下几项进行设置：

◎ RGB：设为转换为工作中的 RGB，这适用于 RGB 色彩模式的图片。

◎ CMYK：设为转换为工作中的 CMYK，这适用于 CMYK 色彩模式的图片。

◎ 若配置文件不匹配（指源描述文档与目标文档色彩空间不匹配）或缺少配置文件（指文件自身不带有特性文件）时，是否勾选选项将决定是否会出现询问警告。如图 5-4，通常我们要把文件转化为目标描述文档。

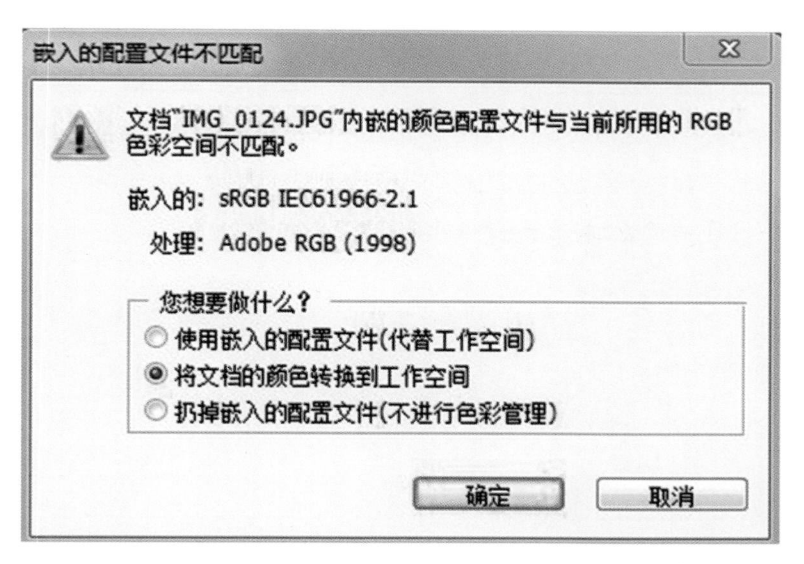

图5-4 询问警告对话框

（2）色彩引擎与转换

编辑→颜色设置→转换选项，用来设置色彩引擎和意图，以便色彩管理系统根据选项进行色彩转换。

◎ 色彩引擎：该选项取决于操作者的工作平台，若文件都在 Adobe 软件间工作，选择 Adobe ACE，如在 windows 平台下工作，则选择 Microsoft ICM，在 Apple 平台下工作，选择 Apple Colorsynic。（图 5-5）

◎ 转换意图：该选项取决于照片的最终用途和操作者对影像的主观要求。每一种色彩转换意图，都有其独特的色彩映射方式，以及不可避免的颜色压缩缺陷。我们要按照不同的应用去选择合理的颜色空间转换意图。（图 5-6）

◎ 可感知：此模式在保持所有颜色相互关系不变的基础上，改变源设备色彩空间中的颜色，但使所有颜色在整体感觉上保持不变。它用相邻色替代不能再现的色彩，因为保持了源文件的色彩关系，图像的层次和细节就能得到有效地再现，适合需要高质量的摄影图像。

◎ 饱和度：此模式将图像的色彩饱和度在转换时保持不变作为主要因素，较为忽略颜色的准确性和色彩间的关系，适用于商业图表、插图等。

◎ 相对比色：此模式中色彩管理模块侧重源文件与目标文件白点的匹配和还原，超出目标色域的颜色会被替换为可再生的最相近的颜色。该方式尽量忠于原始图像的色彩，对于图像复制来说是理想的选择。

◎ 绝对比色：该模式主要是为打样而设计。色彩管理模块会根据输出设备的白点来调整图像，目的是要在另外的打样设备上模拟出最终输出设备的复制效果。

颜色设置
有关颜色设置的详情，请在帮助中搜索"设置色彩管理"。
此术语在任何 Creative Suite 应用程序中都能搜索得到。
确定
复位
载入(L)...
存储(S)...
较少选项(O)
预览(V)
设置(E): 自定
工作空间
RGB(R): Adobe RGB (1998)
CMYK(C): U.S. Web Coated (SWOP) v2
灰色(G): Gray Gamma 2.2
专色(P): Dot Gain 20%
色彩管理方案
RGB(B): 转换为工作中的 RGB
CMYK(M): 保留嵌入的配置文件
灰色(Y): 关
配置文件不匹配: 打开时询问(K) 粘贴时询问(W)
缺少配置文件: 打开时询问(H)
转换选项
引擎(N): Adobe (ACE)
意图(I): 相对比色
使用黑场补偿(T)
使用仿色(8位/通道图像)(D)
高级控制
降低显示器色彩饱和度(U): 20 %
用灰度系数混合 RGB 颜色(A): 1.00
说明

图5-5 颜色设置面板

颜色设置
有关颜色设置的详情，请在帮助中搜索"设置色彩管理"。
此术语在任何 Creative Suite 应用程序中都能搜索得到。
确定
复位
载入(L)...
存储(S)...
较少选项(O)
预览(V)
设置(E): 自定
工作空间
RGB(R): Adobe RGB (1998)
CMYK(C): U.S. Web Coated (SWOP) v2
灰色(G): Gray Gamma 2.2
专色(P): Dot Gain 20%
色彩管理方案
RGB(B): 转换为工作中的 RGB
CMYK(M): 保留嵌入的配置文件
灰色(Y): 关
配置文件不匹配: 打开时询问(K) 粘贴时询问(W)
缺少配置文件: 打开时询问(H)
转换选项
引擎(N): Adobe (ACE)
意图(I): 相对比色
使用黑场补偿(T)
使用仿色(8位/通道图像)(D)
高级控制
降低显示器色彩饱和度(U): 20 %
用灰度系数混合 RGB 颜色(A): 1.00
说明

图5-6 颜色设置面板

第一部分　数字影像技术基础篇作业

一、基础操作练习：（20课时）

针对数字影像后期处理的相应知识点，采用教师课堂讲授与学生课堂练习相结合的方式进行教学，使学生能够对相关的各项操作有扎实的实践能力，为综合练习打下基础。

二、综合练习：（40课时）

针对数字影像后期处理的相应知识点进行综合练习，此项练习包括拍摄与后期制作两部分，要求学生对学习的数字前后期技术有综合的运用能力。

1. 复杂外形与背景分离技术

作业要求：

◎ 拍摄以下两组图像

a:（1）在明度变化平缓、没有纹理或对比鲜明的背景前拍摄一个头发零乱的头像。

（2）拍摄一个与原物像背景截然不同的可当做背景的场景。

b:（1）在杂乱背景前拍摄一个头发零乱的头像。

（2）拍摄一个与原物像背景截然不同的可以当做背景的场景。

◎ 后期处理

将上述两组图像里的主被摄体从背景中分离出来，放置在新的背景中。要求过渡自然、色彩和谐。

作业数量：

（1）电子文档

数量：头像和背景原照四张，处理后的效果两张。

格式与文件名：原照文件格式为 JPEG，文件尺寸为相机最大尺寸，图片质量为“中等”；文件名为：平缓背景原照、背景一、复杂背景原照、背景二。最终效果为 PSD 格式，文件名为：平缓背景分离效果、复杂背景分离效果。

（2）杂乱背景的原照和分离后的效果洗印照片两张。

建议课时：8 课时

2. 亮度与动态范围调整作业

作业要求：

本次作业要求将前期拍摄和后期处理结合起来，主要处理数字相机动态范围不足的问题。

◎ 拍摄

要求找一个亮度范围很大的景物，如室内和室外在同一画面里的情景，然后针对室内暗部和室外高光部做几次曝光。拍摄时用三脚架将相机固定且画面中不能有移动的物体，曝光时要将曝光模式放到手动档，用正常曝光、增减一档和增减两档作五次曝光。

◎ 后期处理

方法一：

（1）将高光、暗部和中间调三张照片放到不同的图层中。最暗的图片放在最上面，最亮的在最底层。

（2）先将最暗的顶层关掉，然后选取中间正确曝光图层，将其混合模式改成“滤色”。选取最底层将其曲线改变成32–32, 64–64, 128–77,255–90。从数字上我们可以看出最低光区基本没有改变，但高光区被大大压缩了。目的是要保留过度曝光照片的低光部位。

（3）选取顶层，将其混合模式改成“正片叠底”。然后将其曲线变成 0–191, 199–205, 226–220, 255–235。目的是保留曝光不足照片之高光部位。

方法二：

用图层蒙版将所需的部位保留（白色区），不需要的部位隐去（黑色区）。要注意上下图层之间的关系。

方法三：

用 HDR 高动态影像合成方法拼合图像。

作业数量：

（1）电子文档

◎ 五张原照，相机最大分辨率大小，JPEG 格式。

◎ 处理好的最终照片，用 PSD 格式交，保留所有图层。

（2）亮度调整效果前后对比洗印照片两张。

建议课时：8 课时

3. 色彩调整作业

作业要求：

◎ 拍摄

题材可以是人物、静物或风光。要求画面上有比较大面积的一种色彩，以便后期加工时更改。

◎ 后期处理

将画面里相当面积的一种颜色换成另一种颜色。/1 幅

对已有的数字影像文件加以校检，运用最合理的处理手段对存在的色彩问题进行必要的调整和修饰，使之成为品质优秀的彩色影像。/ 不少于三幅

作业数量：

（1）电子文档：原照要求相机最大分辨率大小，JPEG 格式。

处理好的最终照片：用 PSD 格式交，保留所有图层。

（2）色彩调整的效果前后对比洗印照片两张。

建议课时：12 课时

4. 拼合全景图作业

作业要求：

◎ 拍摄

（1）三脚架与相机保持和地面水平，以最大限度地保证图像纵横方向的可用度与透视一致。

（2）尽量将相机竖起来拍摄，以增加纵向的可用度，横向可以增加拍摄张数来弥补。每张之间要有 10%—15% 的交接区，这样处理余地大，接痕不会太明显。

（3）曝光时使用固定的对焦距离和曝光值，保持各照片间的曝光均匀。

（4）镜头焦距要在 35—50 毫米之间（对 135 相机而言），否则广角镜头形成的球差会使画面之间产生空隙而没法缝合。镜头焦距太长又会使纵向可用空间减少，且拍出的照片没有广阔空间感。

（5）拼接的照片不能少于四幅。拍摄时在一个场景的开始和结束要做好标志，以便能够识别。

◎ 后期处理

将各张拍摄的原照放在不同层面上用图层面板在 Photoshop 里进行缝合。

作业数量：

（1）所有原图，相机最大分辨率大小，JPEG 格式。

（2）用 PSD 格式提交，保留所有图层。

（3）原图片和缝合效果洗印照片两张。

建议课时：12 课时

第二部分
数字影像创作基础

目标：通过学习，学生可从摄影传统纪实的价值取向中开拓出来，了解并探索在数字影像与新媒体艺术的融合中，其创作手段的多种可能性，并通过对数字影像语言的理解和体悟，重新认识影像本身的价值，从而将摄影的意义延伸至艺术创作的精神语汇，并且寻求个人化的创作方向。

第一章 多媒介的影像创作方式

目标：随着数字摄影的新一轮技术革命以及它与新媒体艺术的融合，预示着它未来无限的可能性。本章主要介绍包括数字摄影在内的多种数字影像艺术形式，以及艺术家在创作中针对各种媒介语言特性与叙事表意的功能，如何进行观念的表现。

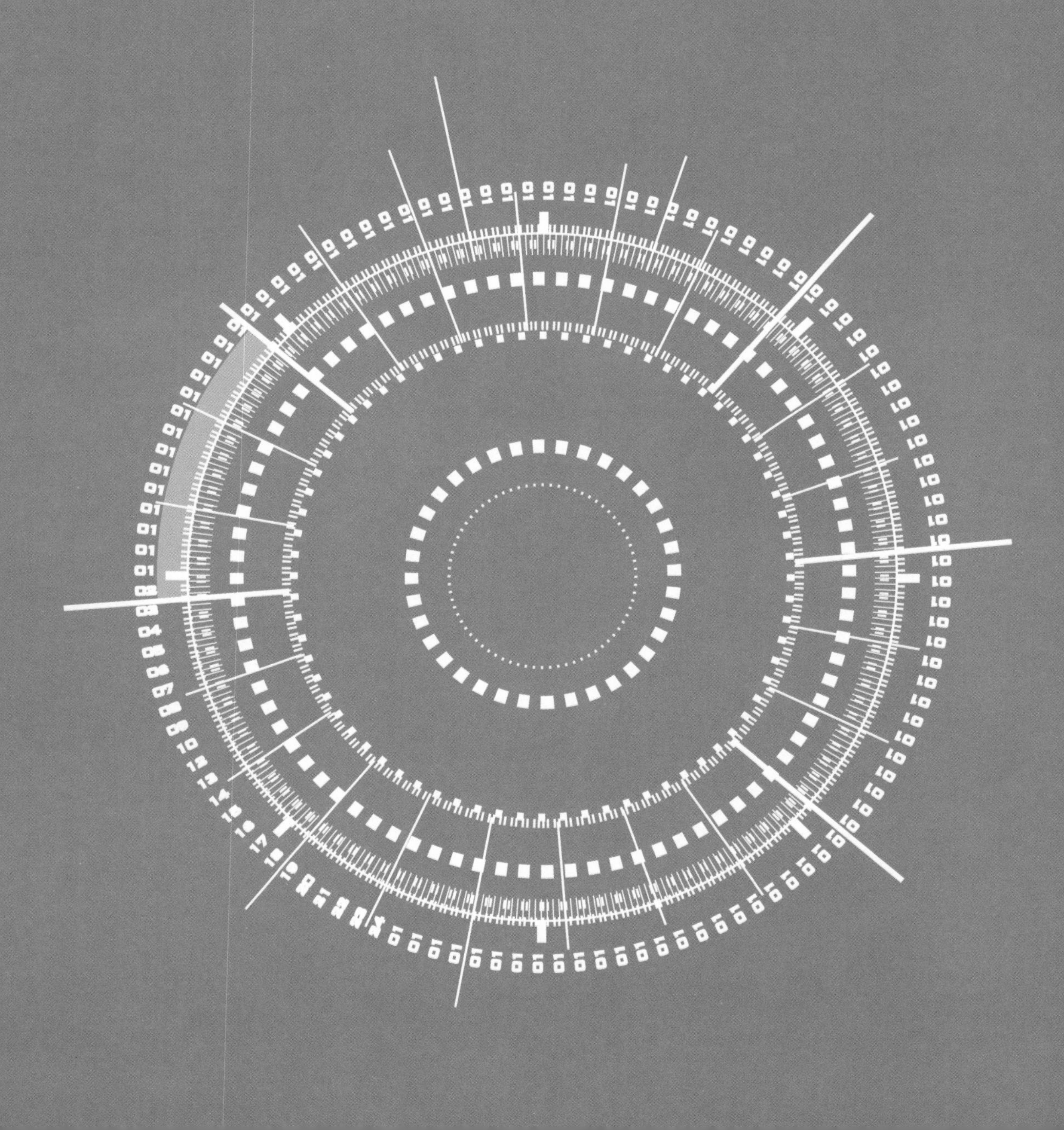

一、数字摄影

指以直接经由数字相机或数字拍摄器材所捕获的数字影像。图片本身还是具有作为摄影的本体语言特性，是传统摄影的数字化。但由于其以数字信号为载体的成像特点，使影像又具有复制性、修饰性、虚拟性等特点。

20 世纪 50 年代以来，全球进入了后工业社会，社会形态发生了巨大的变化，后现代社会的人类面临着种种生存危机，从消费文化、传播媒体、基因复制技术的泛滥，到生态环境的失调以至温室效应等等，都令人感到真实感的丧失与极度的焦虑。这种后现代精神文化的深刻转变在文学、绘画、建筑、影像等艺术形式上都有着深刻的反映，并以一定的语言手法来体现，如解构、挪用、拼贴、寓言、多元化、商品化等，形成了后现代艺术主要的表现特征。在这样的背景下，数字摄影以其自身的技术特性在影像创作与当代艺术间架构了一座桥梁。当代影像作为后现代艺术的一股分支，涌现出一大批艺术家，从观念上来看，他们已经突破了摄影以往的以客观真实为价值本体的认识，技术上也充分地利用了摄影光学机械与数字科技的进步，手法上更是集合了与绘画、电影、雕塑等其他艺术形式的交融，突破了摄影媒介的局限性，使摄影形成了一种用以表达艺术观念的强大的工具。这些工作有的在摄影之前展开，如摆拍；有的发生在摄影之间，如拼贴；有的开展在摄影之后，如涂绘，艺术家们以摄影的名义拓展了当代艺术，使当代影像呈现出广阔的空间。

长期以来，摄影一直被认为是独立于美术之外的纯机械工具。在 19 世纪和 20 世纪初，画家们只是将它用来作为画稿的参考，虽然也有曼·雷（Man Ray）、拉斯罗·莫豪利·纳吉（Laszlo Moholy-Nagy）这样充满创新精神的艺术家曾经为照片的表现能力做过实验性的探索，但大多数艺术家对于照片只是停留在记录和利用的价值上。直到 20 世纪 60 年代开始，随着观念艺术潮流的不断扩大，摄影再度引起了艺术家的关注，它被作为记录行为艺术、过程艺术、大地艺术的有效手段而大行其道（图 1-1、1-2）。照片成了当代多样的艺术形式如电影、表演、环境艺术与概念艺术不可分割的一个部分。随后，在整个后现代艺术思潮的文化背景和创作进程中，摄影越来越被演变成艺术表达行之有效的手段，成为当代艺术创作中主要的创作手段之一。回顾我国当代影像的发展历史，摄影最初也是以记录行为艺术为起端，当年中国艺术家荣荣、邢丹文为北京东村艺术家实行行为艺术所拍摄的照片，现在已成为中国前卫艺术的经典之作。随后艺术家在自我认同的过程中，发现完全可以突破摄影仅仅作为记录的文献价值，将它作为工具独立地进行创作，从而在我国开展了一场新的前卫实验的摄影变革。可见在我国，当代摄影在其初生之始就与艺术家的主观观念以及与其他的艺术形式有着亲密的姻缘关系。

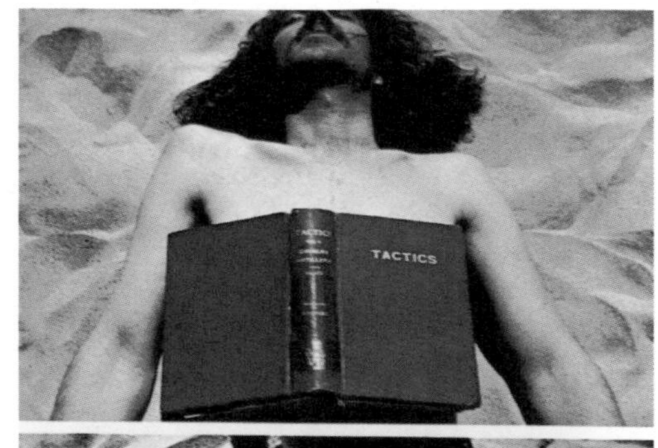

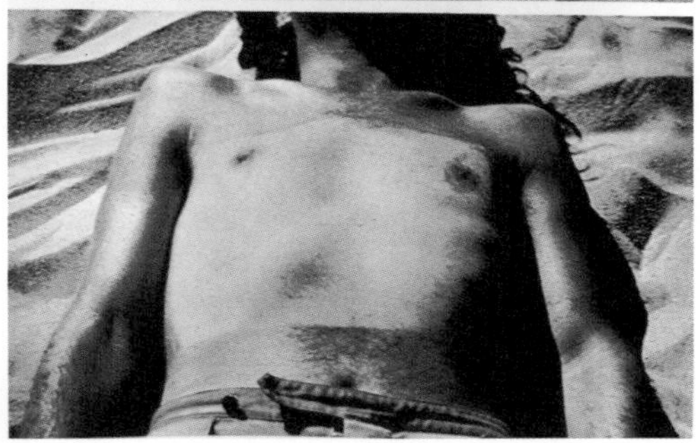

图1-1 登·奥本海姆，《读本位置》，表演艺术照片，1970年

图1-2 罗伯特·史密森，《螺旋形防波堤》，大地艺术照片，1970年

综上所述，当代影像艺术具备了后现代艺术的多种特征，因此，其创作手段呈现了非常多元的互生形态。我们可以参见其与摄影史、艺术史中多个阶段艺术思想表达的精彩碰撞。下面我们对当代数字影像创作的主要类型和创作方法做一介绍。

1. 主观纪实摄影

主观纪实摄影，是一种介于纪实摄影与观念摄影之间的摄影类型。它既有摄影的纪实外观又有作者观念的呈现，注重摄影对社会现实的观照与批判。同样是利用摄影的记录本质，与以记录生活现实为诉求的纪实摄影不同，主观纪实摄影带着问题意识对社会现场进行记录，体现艺术家强烈的社会良知和社会责任感。在保留现实场景的真实性中，往往凸显了作者的主观感觉，使照片中的现实场景有一种意象性或者观念性，在现实场景的选择上，多有非日常化的倾向。

◎ 马丁·帕尔（Martin Parr）是当今世界最著名的主观纪实摄影家之一，它以社会纪实方面的独特视角和富有创新精神的形式而赢得了国际性声誉。帕尔善于运用靠近对象的镜头、夸张的色彩，将消费主义社会日常生活中的荒谬细节加以放大，以至让人怀疑它存在的真实性，从而运用影像对中产阶级生活的社会现实进行批判。他曾经说过："在以前，纪实摄影的主流定义为揭示真相，观看事物的内面。但是我想告诉大家的却是，所谓'纪实'其实始终只是一种主观的东西。我认为真相如何与怎么来框取真相并不是一回事。"由此可见，真相来自于对人们习以为常的社会现实问题注入敏锐的、凝聚观看者批判意识的眼光。（图 1–3、1–4）

图1-3 马丁·帕尔，《乐购超市》，1985年

图1-4 马丁·帕尔，《超市出口》，1990年

图1-5 贝歇夫妇，《煤仓》，1980年

图1-6 贝歇夫妇，《风塔》，1980年

2. 景观摄影

“景观摄影”中的景观是指人工化的人造景观，是透露着人的生存轨迹、暗含着人的存在现状的非自然景观。景观摄影中的社会现场中往往没有人的出现，却带有强烈的现实意义。摄影师回归到社会学调查的工作样式，有的甚至展开田野调查的方式去展开工作，以极其理性、冷静、客观的姿态进入变动中的社会景观现场，具有“无表情外观”的摄影美学特征。

这种摄影类型在很大程度上受到来自西方当代摄影中“类型学摄影”的影响。提到“类型学摄影”，我们不得不涉及德国杜塞尔多夫学派的贝歇夫妇，他们创建的摄影系培养出20世纪世界上赫赫有名的摄影大师，如托马斯·鲁夫（Thomas Ruff）、安德烈亚斯·古斯基（Andreas Gursky）、托马斯·施特鲁斯（Thomas Struth）等，形成了摄影界的“杜塞尔多夫学派”。“贝歇主义”强调一种观察家、旁观者的角度以及冷静而理性的纪实态度。为了记录正在消失的工业建筑景观，他们把各种工业建筑物按不同类型分类，如采矿塔、鼓风炉、粮食升降输送机和水塔等，并以网格的形式拼接在一起（图1-5、1-6）。“杜塞尔多夫学派”的摄影家大多采用传统摄影的大画幅相机与数字图像处理技术结合的方法，作品被数字输出放大到数平方米的尺寸，运用摄影自身记录的特性对物象进行极致的表现，依靠数字技术、图像进行像素的堆积和扩张，使其足以和绘画的尺寸抗衡。

◎ 托马斯·施特鲁斯运用大画幅相机，用极其精确而富有张力的视觉图像记录了当代世界的各个领域，他拍摄了寂静的都市街道、精心组织的家庭肖像，还有自然的生态景观等。最知名的作品之一是《美术馆》系列，拍摄美术馆中人们参观的场景，探讨美术馆、艺术品名作与观看者之间的关系。（图 1–7、1–8）

◎ 安德烈亚斯·古斯基的作品以宏大的拍摄场景为特点，具有史诗般的规模。有关全

图1–7 托马斯·施特鲁斯，《奥赛博物馆》，1979年

图1–8 托马斯·施特鲁斯，《Vico dei Monti》，1988年

图1–9 安德烈亚斯·古斯基，《无题XIII》，2002年

图1-10 安德烈亚斯·古斯基，《西门子工厂》，1995年

球化中的生产、服务、贸易和消费的城市景观是他的关注对象，他所关心的是这些建筑所呈现出来的社会关系的构造，公司办公场所、股票交易大厅、商品卖场等，都是由强大的资本阶层所主导，这些“少数人”制造出宏大而现代的建筑容器，来容纳“多数人”进入这种社会关系。他的巨幅作品尺寸最长边可达到五米，近距离观看能发现丰富的细节和信息，取景角度之广更是超出了广角镜头的范围，那是因为作者采取了前期分区域取景拍摄，而后在数字后期制作中拼接起来的创作方式。（图 1-9、1-10）

◎ 图 1–11、1–12 为著名的德国摄影师坎迪达·霍夫（Candida Hofer）拍摄的作品。她的作品倾向于描述集中存档和积累的空间，比如图书馆和博物馆，但是也有半公共空间，比如大厅、医院和剧院等所有这些与她的生活相遇的空间。她作品图像内部的精确无误使我们会去注意该空间中的目标对象及其细节，然后探讨这些细节在建筑物中的处境或与整体空间不协调之处。像椅子和桌子这些物体会给观赏者关于空间功能的线索和思考。

图1–11 坎迪达·霍夫，《威尼斯神学院图书馆》，2003年

图1–12 坎迪达·霍夫，《巴塞尔大学解剖研究室》，2002年

图1-13 爱德华·伯汀斯基，《抚顺炼铝厂》，2005年

图1-14 爱德华·伯汀斯基，《上海南浦立交桥》，2004年

◎ 图 1-13、1-14 是世界著名的加拿大摄影师爱德华·伯汀斯基（Edward Burtynsky）于2004 年左右拍摄的中国。这位对全球工业风景极为关注的摄影师，用冷静的旁观者的视角记录了场面恢弘的极具震慑力的影像，对处于社会巨大变革中的中国进行了犀利而细致的记录。无论是消费服务制造、废弃的大型工厂、回收的电子垃圾还是大规模的城市拆迁，伯汀斯基通过建筑、工业和自然环境间的相互影响来提醒人们对环境的关注，这些无声的影像警示这个世界，不要随意地改变自然，并且暗示与自然对抗所面临的危险。

"杜塞尔多夫学派"的思想和创作手段，对中国的当代摄影有很大的影响。面对中国当下经济转型和腾飞过程中所暴露出的社会问题，一些艺术家敏锐地拿起机器，对这些问题进行批判性的关注。如艺术家金江波的作品《经济大撤退——东莞现场》系列照片，拍摄了经济危机前外资加工厂撤出中国的图像，为我们引申出了全球化与经济后殖民问题的问号；艺术家渠岩拍摄的《生命空间》、《权利空间》系列，邵逸农、慕晨拍摄的《礼堂》系列，都冷静客观地记录了人工化的景观。与自然景观不同，那些社会现场中虽然没有人的出现，却透露着人的生存轨迹，暗含着人的存在现状，带有强烈的现实意义。

3. 编导型叙事摄影

所谓“叙事”，按照罗吉·福勒的说法，是“指详细叙述一系列事实或事件并确定和安排它们之间的关系。一般而言，该术语只用于虚构作品、古代史诗、传奇和现代长短篇小说”。当原始初民编织神话或是用图形文字来描述事件、传递信息时，叙事活动就已经初露端倪。简单地说，叙事就是讲故事，即故事如何被叙述出来。如果说新闻、报道摄影是以史实记录的方式来叙述故事，那么叙事摄影就是以“虚幻的方式”叙说故事。我们可以把叙事界定为：在一个特定的环境中叙述出来的具有时空演变过程和因果关系的事件。这里的环境，指的是听述的环境，如剧场、影院，或是创作者虚拟的故事环境。叙述手段可以是口头讲述、文字描述、舞台表演、影像呈现等各种媒介手段和方式。在当代叙事学领域，文学叙事学和电影叙事学已有了丰厚的研究成果。由于文学、电影都是时基媒体，是时间性的艺术，在时间流动的每一格影像中任由观众展开想象的潜流，而摄影的图片媒介决定了它具有一种空间艺术的外观，是非时基媒体的视觉艺术，故事只能被“定格”而留下时间的切片，是所谓的“单帧电影”。这样的图像外观与虚拟的想象相比，似乎留给我们的是更为直接的观看方式、更丰富的画外空间、更多元的解读语义。

和叙事性文学、电影一样，叙事摄影由故事、情节、叙述方式开展着叙事，借助于一定的形式来描述事件，通过图像中的视觉要素与内在的逻辑建立观看的语境，从而达到叙事目的。在这里，摄影传统意义上的偶然性反被限制，而代之以主观的导演，使画面视觉要素成为有意识的东西。主要的创作手法为导演与表演。

用这种方式进行创作的代表艺术家有杰夫·沃尔（Jeff Wall）、格利高里·克里森（Gregory Grewdson）、贝尔纳·费孔（Bernard Faucon）、辛迪·舍曼（Cindy Sheman）等。

图1-15 杰夫·沃尔，《绊脚石》，1991年

◎ 杰夫·沃尔

杰夫·沃尔是一位加拿大当代艺术家，是当代艺术史中一位举足轻重的人物。他的作品非常强调叙事感和瞬间性，善于运用导演摆拍的方式将某一事件的瞬间通过特殊的安排进行重现，他要记录的是这一瞬间现象与背后的种种问题，诸如暴力、贫穷、种族、性别以及社会阶级问题等等。他的作品往往通过灯箱展示来呈现，灯箱的特殊光线效果让摄影作品呈现更具张力的视觉印象。90 年代后，杰夫·沃尔开始运用数字摄影技术创作全景式图像，并取材艺术史中的名作以摄影的方式重新演绎，反映他对资本主义景观社会表现出的伦理性关注。(图 1–15、1–16)

图1-16 杰夫·沃尔，《死亡部队的对话》，1992年

◎ 格利高里·克里森

格利高里·克里森是美国当代一位擅长于导演的艺术家，他雇用庞大的专业电影制作团队，包括艺术指导、摄影导演、摄影师、演员、道具、后期制作等在内的人员以及场景装置和场景灯光，拍摄大画幅的、电影剧照般的图像。他善于使用心理分析的方法来表现美国中产阶层孤寂内心的主题。用写实的手法制造出电影剧照般的超现实风格，其作品有的依靠搭建出来的场地拍摄，有的则直接利用现场环境。电影语言中的场面调度、镜头与角度、光影关系等给了他很大的启发和影响。(图 1-17、1-18、1-19)

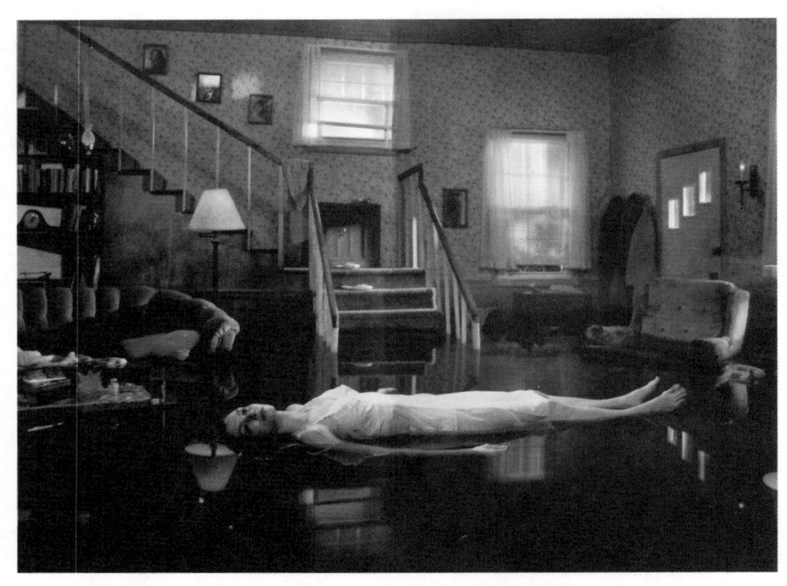

图1-17 格利高里·克里森，《无题（奥菲莉娅）》，2001年

图1-18 拍摄场景

图1-19 拍摄场景

图1-20 贝尔纳·费孔，《野餐》，1979年

◎ 贝尔纳·费孔

在贝尔纳·费孔的作品里，我们可以洞见到摄影、文学、美术间有意思的关系。费孔的作品来自于他的文学幻想和童年记忆，透露着对于时间逝去的感伤。他利用摄影现实主义维度的特质来记录内心关于人、童年时代与风景的超现实想象，在他看来摄影无疑是超越绘画和文学的最佳表达样式。他的照片采用方形构图，还运用大量的石膏和塑胶模特与真人组合，用摆拍的方式精心构建封闭的人工空间，就像一个舞台中上演着一出出精彩的童戏式幻想剧。（图 1–20、1–21）

图1-21 贝尔纳·费孔，《姐妹》，1979年

◎ 编导型叙事摄影的关键要素

（1）叙事故事

挪用故事摆拍：

◎ 詹姆斯·莫纳科认为：故事，即被叙述出来的事件，它总是伴随着一定的观点和情感产生。故事表明着叙述者讲什么，情节则关系到“怎样讲”和讲“哪些”。在叙事摄影中，有很多艺术家会参照挪用一些具有原型范本的故事，这些故事可能来自于电影电视剧、艺术史作品、文学科幻小说，甚至可能是新闻事件……艺术家围绕自己的观点和叙述目的，对故事原型加以选择。

图1-22 格利高里·克里森，《无题（微光）》，2001年

◎ 格利高里·克里森最知名的系列作品《微光》，就是对电视系列剧《迷离魔界》（The Twilight Zone）的参照，这个剧集汇集了种种都市传奇和诡异故事，克里森借用了这些情节来表达美国郊区小镇的中产阶层家庭景观。（图1–22）

◎ 辛迪·舍曼的《无题电影剧照》系列作品，运用自拍的方式，模仿复制了大量大众电影中的女性形象，她把自己打扮成女学生、家庭主妇、图书管理员、电影明星等角色，成功塑造了处于某一特定情景中的社会阶层女性，将女性形象作为男性凝视的客体和被消费的对象这一本质演示给观众，以对抗主流意识形态操控下约定俗成的各类女性形象。在此剧照中，舍曼构建的所有故事情节都围绕一个焦点：那就是照片中的主人公在情节中所显露的被注视的状态，她们对来自于画外世界的眼光所反映的惊恐与无助。在这里，艺术家的观念与人物、故事与情节有机地结合在一起展开叙事，成为一种非常有效的表达语言。（图1–23、1–24）

图1-23 辛迪·舍曼，《无题电影剧照》，1979年

图1-24 辛迪·舍曼，《无题电影剧照》，1979年

◎ 安娜·嘎斯克尔（Anna Gaskell）也是一位运用导演摆布手法进行叙事摄影创作的艺术家。她的构思源泉来自于文学经典作品或是恐怖电影与小说，她以构建一个充满不安与悬念的幻想世界为理想，在拍摄前作大量的调查并画大量素描，随后再进行拍摄。（图 1–25）

图1-25 安娜·嘎斯克尔，《无题29号》，1997年

◎ 杰夫·沃尔作品中的叙事故事很多都采取了挪用艺术史名作的方式。如《致女性图》对于印象派画家爱德华·马奈《女神游乐场的酒吧间》的挪用，他以下等阶层从业女性挑衅的眼光替代了马奈画中女招待茫然的凝视，清冷的布景取代了马奈原作中热闹的酒吧商业氛围（图1–26、1–27）；《遭破坏的房间》是对于浪漫主义画家欧仁·德拉克洛瓦的油画《萨丹纳帕勒斯之死》的挪用，以现代社会元素构建的暴力浩劫之后的残局取代古代君王关于性及财富暴力灭亡的景象（图1–28、1–29）；《狂风骤起》中对于日本浮世绘大师葛饰北斋的《富岳三十六景》的挪用，以小镇郊区上班族装扮的人物取代原作中的农夫。杰夫·沃尔运用经典名作中的构图以及语义关系，利用被普遍接受的大众图像符号，展开关于当代资本主义景观社会的批判。（图1–30、1–31）

图1–26　爱德华·马奈，《女神游乐场的酒吧间》，1882年

图1–27 杰夫·沃尔，《致女性图》，1979年

图1-28 欧仁·德拉克洛瓦，《萨丹纳帕勒斯之死》，1827年

图1-29 杰夫·沃尔，《遭破坏的房间》，1988年

图1－30 葛饰北斋，《富岳三十六景》之一，1831-1833年

图1-31 杰夫·沃尔，《狂风骤起》，1993年

虚拟故事摆拍：

除了挪用故事的方式，也有的叙事故事完全经由艺术家的虚拟想象。艺术家营造构建典型的空间和情节以符合自己的表达需要。这些叙事故事可能来自于个人对于现实、梦境以及认识经验的闪存再造。如桑迪·思科格隆（Sandy Skoglund）的作品，运用舞台道具和雕塑作为布景的元素，虚构的场景被安排得天衣无缝，叙事也在一种超现实的语境中拉开神秘的序幕。（图 1–32、1–33）

图1–32 桑迪·思科格隆，《行走在蛋壳上》，1992年

图1–33 桑迪·思科格隆，《狐狸游戏》，1989年

（2）场面调度

场面调度是电影里的一个概念，指视觉材料如何被安排、构图、拍摄。由于拍摄者是将三维空间中的人与物进行记录，经拍摄它们被转化为二维形态的平面影像，因此创作者不再像传统意义的拍摄只对客观事物进行捕捉再现，而是需要面对一切可变因素进行场面调度，主要包括以下相关元素：

画面景框：影像画面空间中主体形象的视觉松紧程度。

景深：画面景别类型及前景、背景与主体的关系。

镜头角度：镜头拍摄的视角，包括水平、仰视、俯视。

视觉焦点：确定画面对比最强的区域。

画面密度：画面景框中视觉要素的疏密程度。

距离关系：画面主体角色间的距离关系。

构图：三维空间转化为二维平面后的视觉关系。

形式：画面形式的开放或封闭程度。

色彩：色彩的主要基调与主观色彩设置。

灯光风格：灯光的明度与反差。

演员位置：演员在画面中所处的位置，以及带给观者的心理意象。

服装：演员的服装配置显示穿着者的特质。

场景设计：场景中信息传达的视觉材料，通过它使故事素材成为表达主题的延伸。一般分为基于真实性的现实主义和基于感觉的形式主义两种。

（3）后期制作

在叙事摄影中，后期数字技术的作用也不容忽视，它带给作品创作的很多可能性。如有些作品中，人物的拍摄在工作室里完成，然后将之合成在其他背景或单独拍摄的外景中；也可能独立完成一幅作品的不同部分，然后将之合成为一个整体；或者像制作电影一样制造出非现实的效果，使非真实的想象视觉化。

图1-34 格利高里·克里森，《自然奇观》，1992年

（4）置景摄影

“置景”摄影，可以理解为对静物进行主观摆拍，或是按照构想将现成品置于立体景物中进行拍摄。主要的创作手法为摆拍。“置景”与编导式叙事摄影一样，主要的工作开展在摄影之前。不同的是叙事摄影着重对故事、情节、场面调度的安排，而置景摄影主要着重对于场景道具的安排。

探讨置景摄影的渊源一定离不开静物摄影，静物摄影中拍摄者需对拍摄对象进行主观摆设，这一直是一种悠久的传统。在当代摄影中，置景摄影借用了静物摄影的创作模式，但在观念形态上进行了大胆地开拓，我们不仅可以对静物道具进行大动干戈地改造使其承载观念，也可以将物品放置在一个主观的、符合语境的环境中。格利高里·克里森在早期就用摆拍的方式，在摄影棚里搭建各种自然景观的背景，拍摄作为主体的各式动物标本（图1-34、1-35）。我国艺术家洪磊也是一位擅用置景摆拍的方式进行创作的艺术家，他拍摄的一系列挪用中国宋代宫廷花鸟画图式的作品，用真的花和鸟模仿原画的构图，以及贵族式的艳丽趣味，摆拍成照片。其中最重要的语言因素，是把画面中的鸟换成了死鸟，使他的作品在凄艳的感觉中透露一种对传统文化怀旧、失落的感伤。

图1-35 格利高里·克里森，《自然奇观》，1992年

置景这种手段的运用，还模糊了艺术家与摄影的界限，很多有创新精神的艺术家将这种方式与自己的创作行为、表演结合起来，照片成了他们整体作品的一个组成部分。著名的大地艺术家罗伯特·史密森的一幅题为《镜子在尤卡坦的旅行》的作品（图 1–36），将镜子置入不同类型的大自然场景中，然后进行拍摄。镜子这一视角动摇了图片的客观性，并把意义指向画框之外。这组作品在展示时还配有相应的说明。

图1–36 罗伯特·史密森，《镜子在尤卡坦的旅行》，1969年

（5）过程摄影

过程摄影是指通过某种图像语言方式对某一行为或事件的过程进行记录。其内在逻辑为线性的时间进程。在摄影术诞生之初，麦布里奇就做了很多以揭示摄影无可比拟的记录特性为目的的影像实验，我们不仅看到了摄影超乎绘画的记录瞬间细节的能力，也在照片中看到了时间的影像化记录。随着不同时空观对于摄影思想的渗透，仅仅是静帧式的连续影像已难以满足艺术家表达的要求，我们看到了更为丰富的过程摄影的可能性。无论日本摄影师杉本博斯通过对影院长时间曝光，使照片中的物象细节承载流逝的时间（图 1–37），还是中国艺术家海波对一段时间的两极进行采集截取，拼合成新旧两张对比的照片，抑或中国艺术家邱志杰对同一空间的物象进行不同时间的记录，进而在拼贴中探索空间被时间化的可能性，都是用不同的语言方式来探讨时间在摄影中的叙事容量。在那里，我们体会到中国古贤孔子对于时间那种“逝者如斯夫”的感怀。

图1–37 杉本博斯，《卡伯特街电影院》，1978年

图 1–38 是荷兰艺术家简·迪贝兹（Jan Dibbets）通过凡阿贝美术馆的窗户，每隔十分钟进行拍摄，对冬日的白昼从黎明到黄昏最短的那一天进行视觉记录。通过 80 张照片中光线的变化，对时间进行了精确的区分和记录。

图1–38 简·迪贝兹，《凡阿贝美术馆最短的白天》

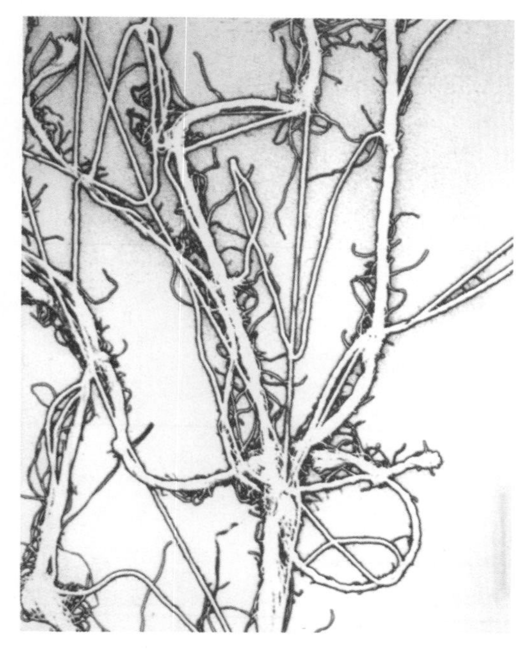

图1-39 曼·雷，《充足的绳索》，1944年

有经过镜头的聚焦。镜头的聚焦是一种整理的浓缩，而扫描获得的是原物大小的影像，并且光源永远来自正面，由此可见，扫描正在建立一种与镜头聚焦大不相同的图片美学。

我们来看以下利用扫描仪进行的材料实验，这样的尝试可以说是创作的基础，只有了解了媒介语言的可能性，才能使它成为手中的工具进而实现创作目的。

二、实物扫描

早在包豪斯时期，美国摄影家曼·雷（Man Ray）就进行过很多纯影像技术试验的探索，不管是使用中途曝光还是物影技法，抑或粗颗粒放大，他在抽象摄影中的实验颠覆了人们惯常的视觉经验，拓宽了影像表达的语言，从这一点上来看，以实物扫描法产生的影像创作就带有以上的特质。（图 1–39、1–40）

所谓实物扫描，即把现成照片或实物通过扫描仪进行扫描，输入电脑成为数据。由于扫描仪的平面特征，任何物品都以平面的方式呈现，物象没有通过镜头就成为图像，也就是没

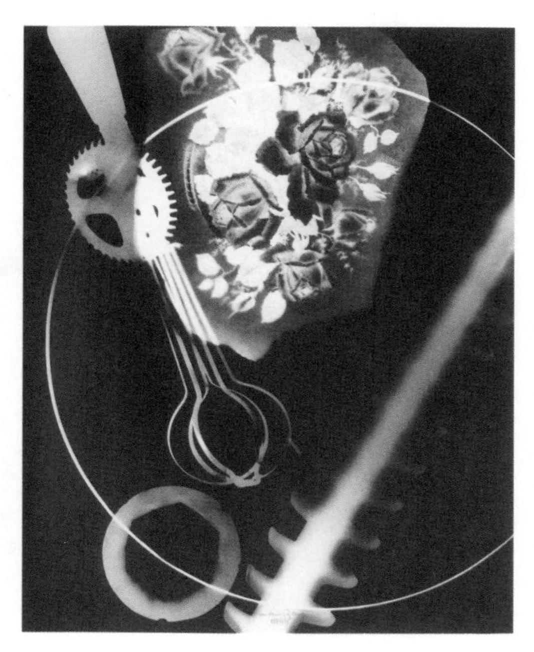

图1-40 曼·雷，《无题》，1943年

◎ 图例 1-41 是利用了身体的运动在扫描仪中成像，扫描仪几近苛刻的记录能力，使影像被极致地加以记录成为了可能。运动中的被扫描对象也使影像具有了偶然性和不可预见性。（图 1-41）

◎ 图例 1-42 至 1-45 是利用了综合媒材进行扫描。作者借用了色彩颜料的液态特征、透明薄膜的肌理特征进行实验，扫描后的影像突破了我们的视觉经验，给我们全新的视觉感受。（图 1-42 至 1-45）

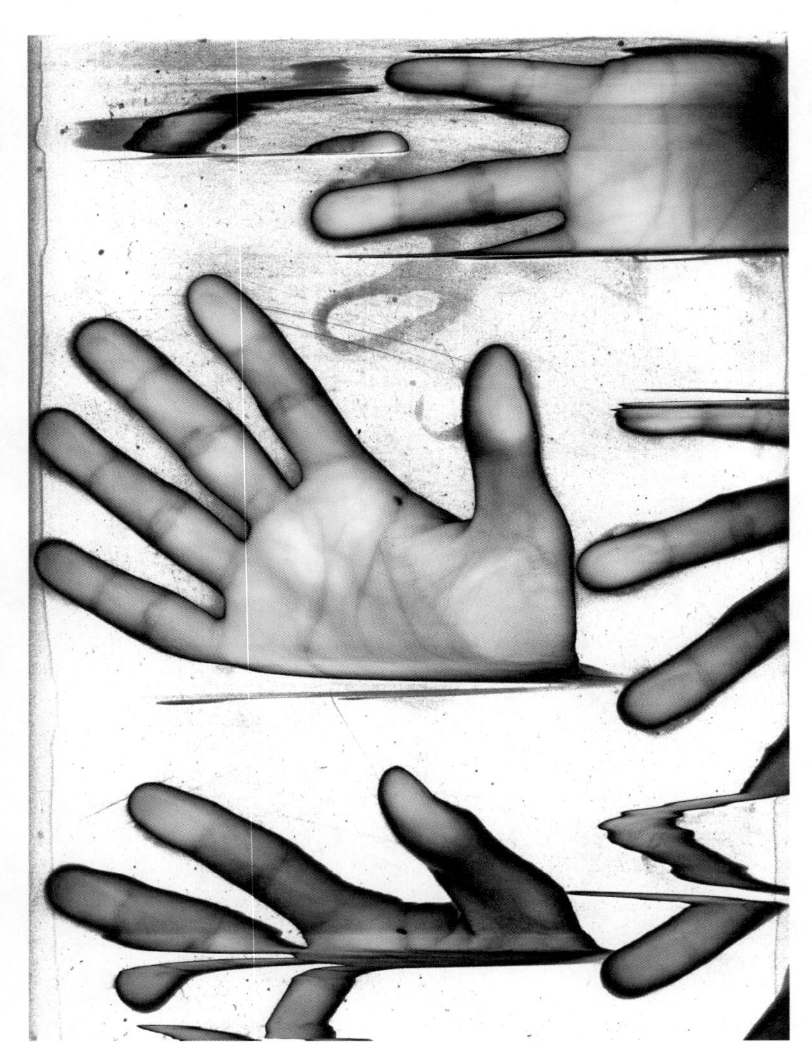

图1-41 学生作业

图1-42 学生作业

图1-43 学生作业

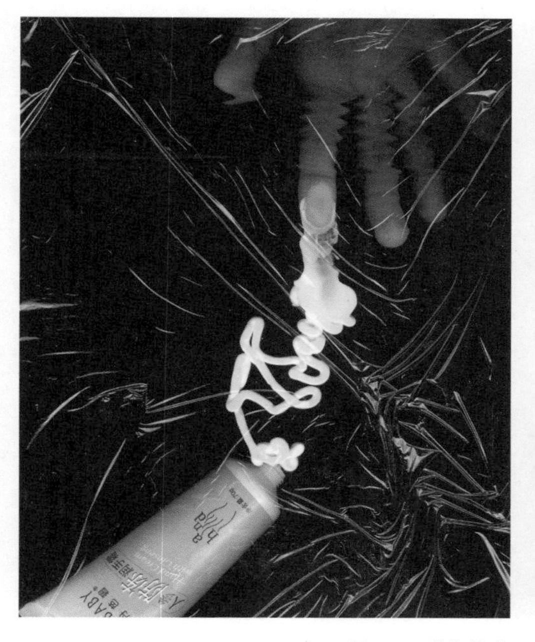

图1-44 学生作业

图1-45 学生作业

《蜕》这一系列作品是用实物扫描的方式所创作。

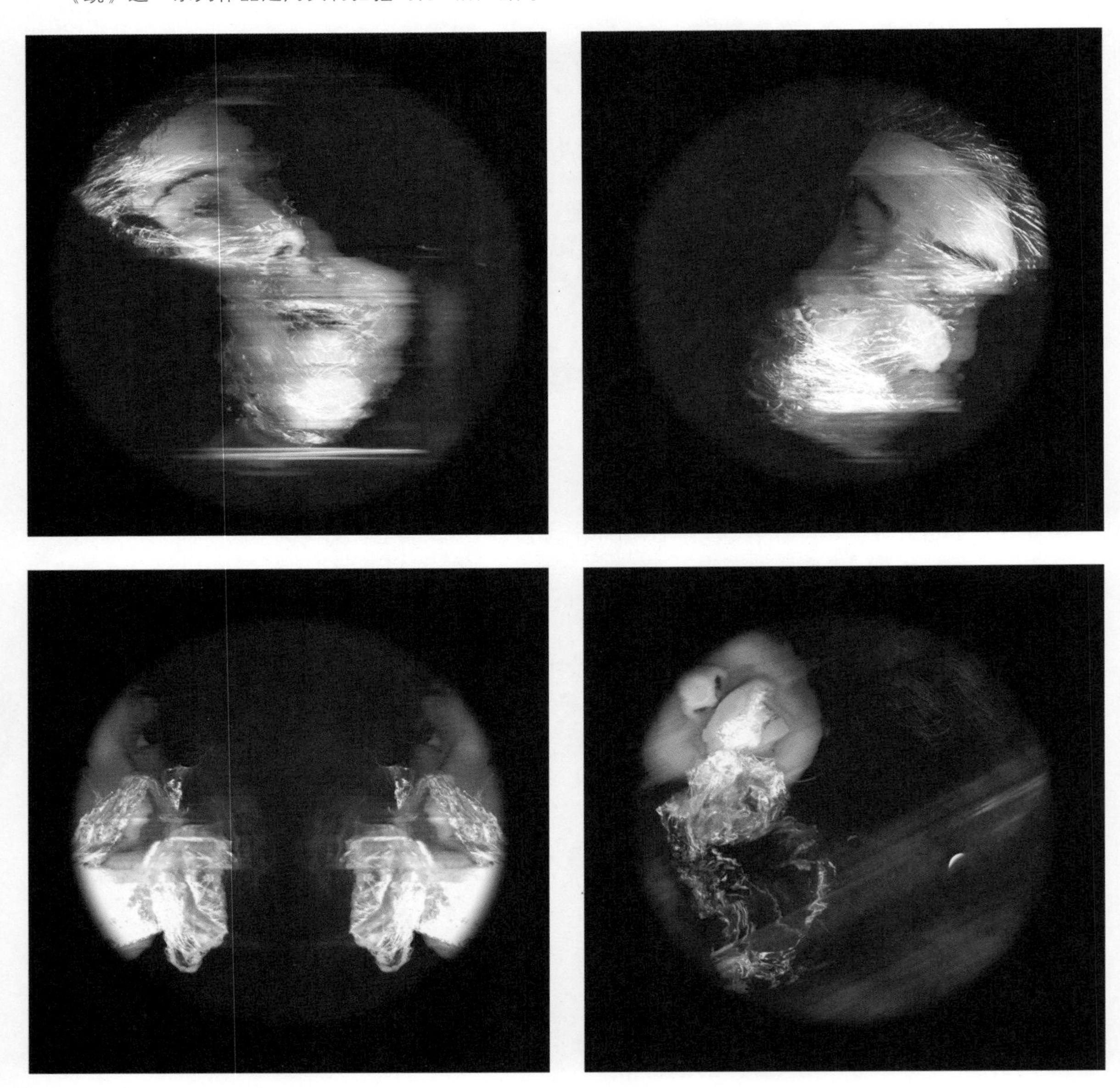

图1-46 赵莉，《蜕》系列，2006年

图1-47 赵莉，《窥境》系列，2009年

图1-48 赵莉，《窥境》系列，2009年

三、CG图像

CG 图像（Computer Graphics）指利用计算机技术进行视觉设计和生产的图像，专业术语也叫电脑图形图像。目前在实用艺术如设计、动画、游戏、漫画等领域应用广泛。依赖平面图像软件，它可以模仿绘画，创造抽象或具象的造型；依赖三维图像软件，它可以模仿雕塑和建筑，创作出立体的造型。这种由计算机直接生成的图像，由于没有经过任何拍摄的过程，它实际上回到了摄影术发明之前的制像技术，这种不依赖于外物的独立性，使之类似于大自然本身的创造过程，在极大程度上潜在地扩展了创作的母题范畴，增强了承载作品观念的力量。因此在当代数字影像领域，这种创作手法正直接或间接地被创作者用来实现内在理念的表达。

我们看图例中 1–47 至 1–49 的作品，有很多间接或者直接利用 CG 虚拟图像的部分，用以构建一个作者精心营造的、内心的叙事空间，借助这样的手法，能够非常自由主观地还原出真实的心理，表达个人的艺术观念。

图1-49 陈卓，《超级大工厂》系列，2011年

四、DV静帧影像

DV 静帧是指对连续动态视频影像中的某一帧进行静态的截图，最终输出在艺术纸质或综合媒介上。

在动态视频中，对视频数据的采集传输以帧为单位。每一帧影像的记录分逐行扫描和隔行扫描两种技术方式，隔行扫描是把每一帧图像通过两场扫描完成，两场扫描中，第一场（奇数场）只扫描奇数行，我们称之为上场；而第二场（偶数场）只扫描偶数行，我们称之为下场。播放时都是把视频所包含的图像按顺序显示出来。在传送每个单位的图像时奇数场或偶数场被优先的顺序（上场优先或下场优先），就是视频的场序。由于这种场序关系，我们在截图时有时会形成独特的静态画面效果，并且带有一定的不可预见性。如图 1-50 中的条纹拉丝肌理就是由这种技术特征所生成的效果。

图1-50 杰西·格林，《无题》，2000年

图1-51 沃尔夫·弗斯特尔，《美国小姐》，1968年

图1-52 罗伯特·劳申伯格，《峡谷》，1959年

五、综合媒体

当代数字影像作品越来越多地探求新的多媒介的可能性，如CG图像与数字摄影的结合、数字图像向数字版画的延伸、摄影之后的后期涂绘等。它们有的侧重于作为手段的观念表达，有的则侧重于作为媒介的平面绘画性审美，综合媒体作为一种新的创作表达手段，正越来越发挥它多元的可能性。

◎图1-51这幅作品让我们想起了后现代集合主义大师罗伯特·劳申伯格（Robert Rauschenber）结合现成品、平面印刷物、照片的"组合绘画"（图1-52）。艺术家运用照片、报纸的不同材料进行组合，并通过绢丝印刷来呈现作品，这些符号碎片表达了他对纷纭复杂的传媒世界的种种感受与记忆。

《股文观止》这幅作品中，艺术家运用数字技术对中国传统书法作品中的颜体字进行了挪用与拼贴，通过数字本体语言对传统经典的重构，使作品呈现出全新的意义指向性。熟悉的视觉体验和陌生的文字内容矛盾的重组，使传统文字作为作品的“能指”符号，指向作品的“所指”——对中国经济转型过程中资本市场现状的思考。中国传统文化中的精髓使作品沉淀了深沉的力量，对“古”字机智的转换更是体现了艺术语言运用的准确性。（图 1–53）

图1–53 马刚，《股文观止》，2008年

第二章 数字技术和艺术

目标：本部分内容的学习，拟在使学生树立正确的数字影像观念，从数字影像的内部语言分析出发，使学生在数字技术空前横行的当代，理解艺术与技术“体”、“用”结合的关系，从而建立正确的数字影像创作的价值观。

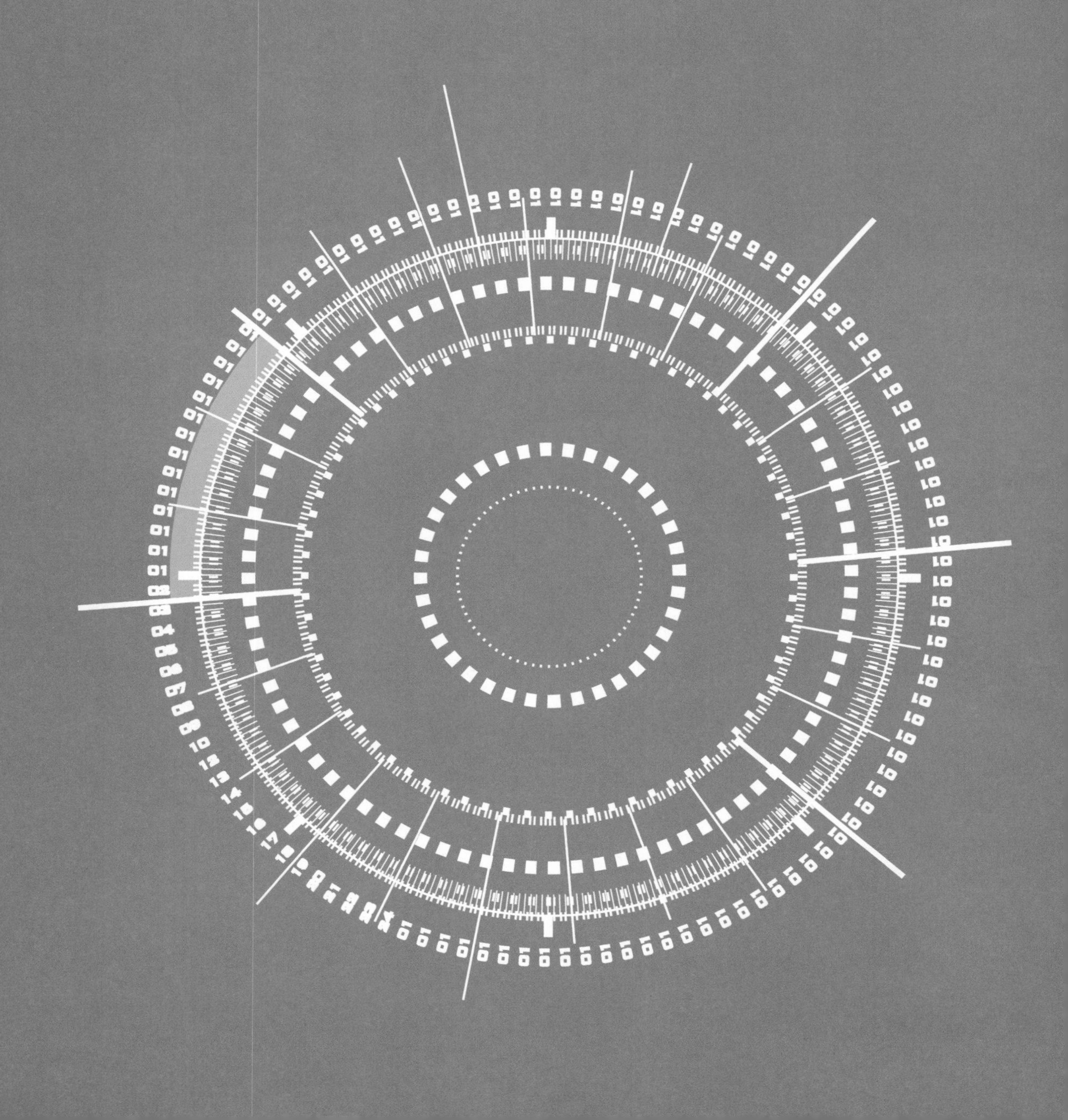

第一节 数字影像的三种基因

一、像素化的真实界

从数字摄影偏正结构的语意关系，我们看出其还是保留着摄影的本质性——再现的“物证”。只不过再现的是被像素化的真实界，影像的获得不再依赖光学手段来捕捉影像，更不依赖化学手段来固定影像。影像被记录为易于重新排列组合的符码，一个数字图片数据只是一段“0”或“1”的数序组合，并且可以被轻易地重组秩序及复制传播。我们知道一套完整的数字影像系统是由输入、处理、存储（传输）、输出等子系统构成的。此节我们探讨的数字影像的基因——像素化的真实界，主要体现在影像获取和存储这些环节。数字摄影改变了银盐胶片或相纸成像一次性不可更改的性质，用光电器件来成像，存储器件存储，从而使影像可更改和反复使用。但是如果我们不管其成像的介质，也就是在其被编码前，相机的功能还是对真实界的记录，其被处理加工的“原材料”还是具有真实的外观，是对视觉世界的如实反映。数字化后期只是对摄影纪实能力的合理延伸，它依赖的是真实的局部，虚构的是“如实”的整体。

二、游走在虚拟化与真实之间

在这一节中我们探讨的是数字影像的另一基因特征——虚拟与真实，这可以被认为是最具有数字影像本体语言特征的环节，它可以被视为艺术家开拓性的创作语言，也可以被评判者视为对传统摄影本质无理的叛经离道。数字摄影的这一特质，主要体现在计算机处理这一环节上。

图2-1 托马斯·鲁夫，《JPEG ny02》，2004年

德国摄影家托马斯·鲁夫有一组作品，他将下载自网络的“JPEG”图像，以横纵各八个像素为一格记录压缩编码过程，然后打印成极为庞大的尺寸，内容包括灾难事件、人造景观和自然景观等。通过计算机处理，格式的压缩损毁了画质，画面出现了矩形状的马赛克外观，产生了近似于印象派的效果。鲁夫利用了数字图像像素化的本体基因，给观者提出了一个如何看待数字图像的真实性的问题。在网络传播的数字图像原本已难以分辨“真实”和“伪造”的区别，当被压缩的图像被抽离了具象真实的大部分信息，图像只留下数学运算的抽象外观，像素已无法成为其他任何信息或内容的载体。鲁夫使用图像压缩这个网络传播图像最常用的手法，用技术的暴力撕裂了图像的真实性。（图 2-1、2-2）

图2-2 托马斯·鲁夫，《JPEG msh01》，2004年

我们理解了数字图像的这种真实与虚拟的实质关系后，就不难理解运用计算机软件后期处理和改造出来的影像，其鲜明的虚拟性、自由性和创造性的特征。

既然数字化可以改造既有的图像资源，它也完全可以独立地创造一个形象。随着数字技

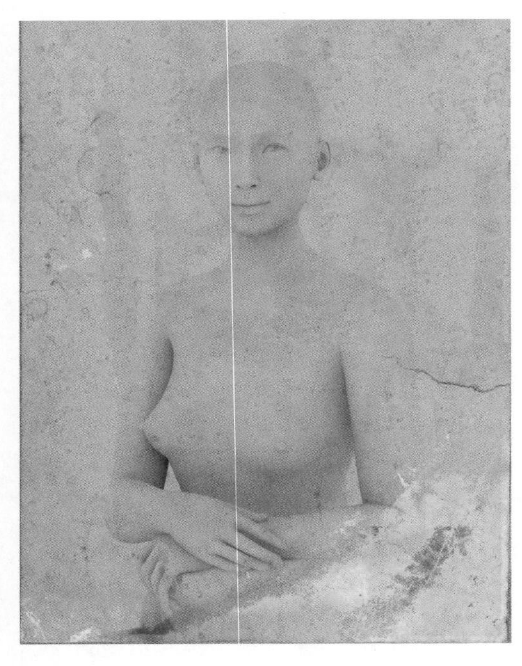

图2-3 马刚，自若《Poise》，2008年

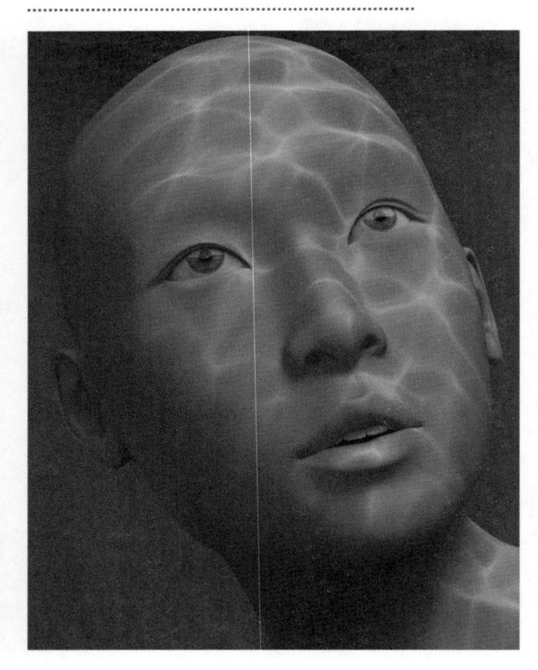

图2-4 马刚，《水生》，2010年

术的发展，3D 虚拟影像在动画、建筑、游戏中的应用已经具有不可替代的趋势。在当代影像创作中，也出现了完全背离摄影真实记录本质的以 3D 造像为手段的创作形式。这类的作品已然脱离了摄影的本体系统，而在观念艺术的系统里，将数字化的本体语言植入艺术家所探讨的话语空间里，完全将虚拟化的造像世界替代了传统摄影再现的客观世界，从而将受众引入作品的语境空间。就像表现主义的画家，不再依赖于所面对的世界，而主观地塑造心灵的世界一样。当然绘画会以其媒介特性作为划分与其他艺术类型界限的依据，而在当代的影像艺术中，数字化的造像也一样可以作为媒介特性的依据，使之成为当代数字影像的一条支流，为影像艺术的发展开拓更为广泛而多元的空间。

图 2-3 的作品呈现了貌似真实的图像外观，艺术家运用 3D 造像的数字手段，模糊了真实与虚拟、绘画与摄影、经典与现实之间界限，作品中的人物主体原型为西方艺术史中达・芬奇描绘的经典人物——蒙娜丽莎，人物形态用 3D 建模而成，而皮肤的质地却来自于对多个真人皮肤极为细腻化的摄影记录，通过绘画质感的还原，作者完成了数字本体语言对传统经典的重塑，呈现了由数字技术开拓的多元的叙事容量。

三、对绘画思考方式的继承

众所周知，在用以制作图像的机器出现以前，人类专门的“看”主要体现在作为艺术的绘画上，当这种机器诞生时，它对于视觉生活的革命意义在于可以将人肉眼看不见因而无法想见的事物展现在人面前，其精确度是绘画难以媲美的。但反过来说，绘画作品凭借其人为的加工，可以将所再现物与人对峙的物性特征约减成转向人性的显现，使其在人面前呈现出一种绝无仅有的意蕴，而制作图像的机器却很难做到这一点，因为它制作图像凭依的客观载体没有这种进行人为加工的空间。这也许就是摄影史早期因为其写实能力优越于绘画，在缺乏想象能力的自卑心理下一味模仿绘画，从而出现了画意摄影的流派的缘由。事实上，摄影与绘画长期以来一直具有相互渗透的基因特质。参见艺术史与摄影史，其中古典主义绘画与画意摄影（图 2–5、2–6）、未来主义绘画与未来主义摄影（图 2–7、2–8）、构成主义绘画与结构主义摄影（图 2–9、2–10）、超现实主义绘画与超现实主义摄影（图 2–11、2–12）等等，都能理出相互交织的发展脉络。在数字化影像语言的支持下，摄影内部的时间性与空间性也有了更为广泛的可能性，时间的空间化、空间的时间化，影像不再是“一个时间的空间切片”，它对于时空的可塑性就如绘画般自如，正如艺术家杰夫·沃尔所言：“‘瞬间’是摄影的一种可能性，‘没有瞬间’是理解摄影的另一种可能性……”“摄影可以在摄影之前，也就是在绘画相似之处展开工作……摄影继承了绘画制作的思考方式，继续着摄影发明前绘画所做的事。”它完全可以像绘画一样，去服务更本质的心理真实，去服务更个人的艺术观念。

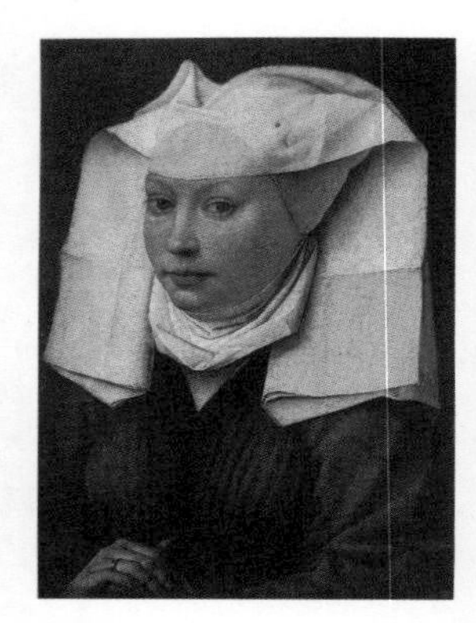

图2-5 罗·凡·德尔威顿，板上油画，14世纪

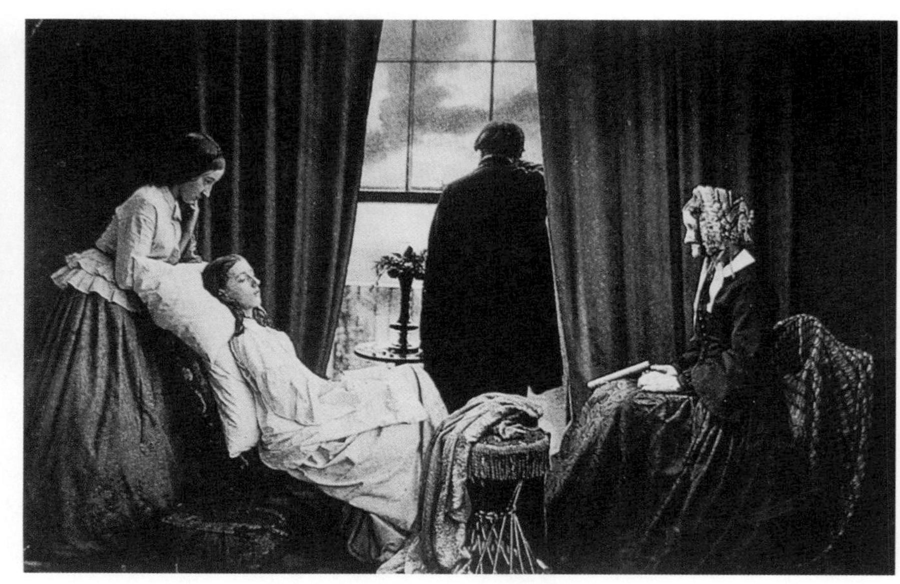

图2-6 亨利·佩齐·罗宾逊，《渐渐消逝》，1858年

图2-7 杜桑，《下楼梯的裸女2号》，1912年

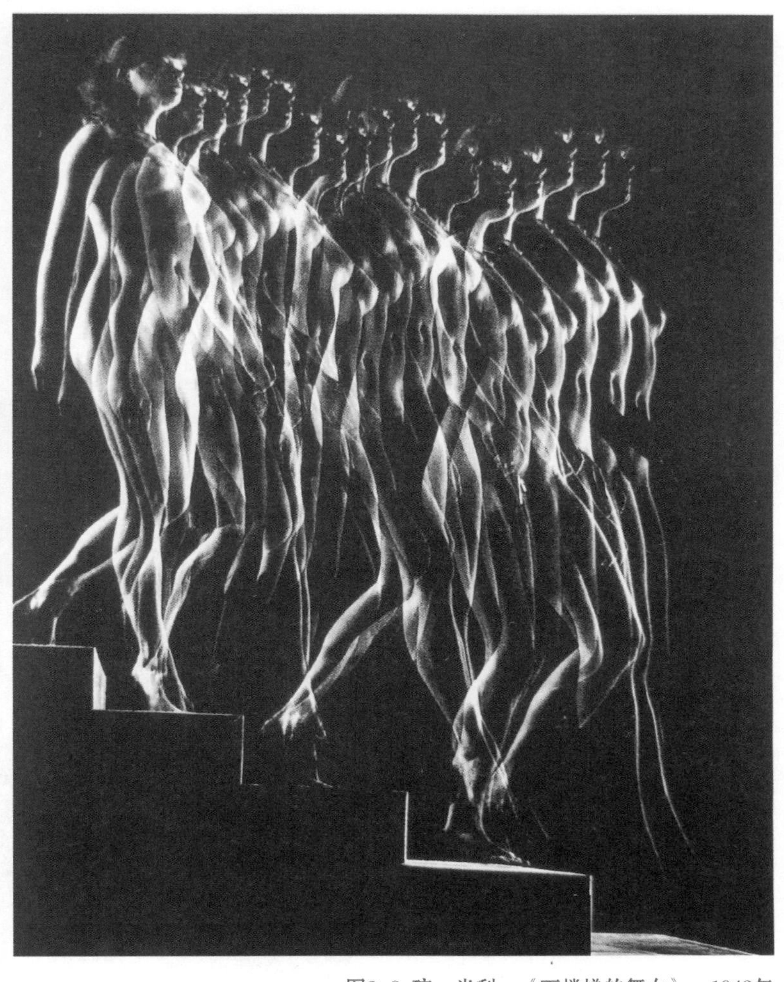

图2-8 琼·米利，《下楼梯的舞女》，1942年

图2-9 蒙德里安，《作曲》，1921年

图2-10 安德列·柯特兹，《鲜花与楼梯》，1926年

图2-11 马格利特，《宏伟的幻想》，1948年

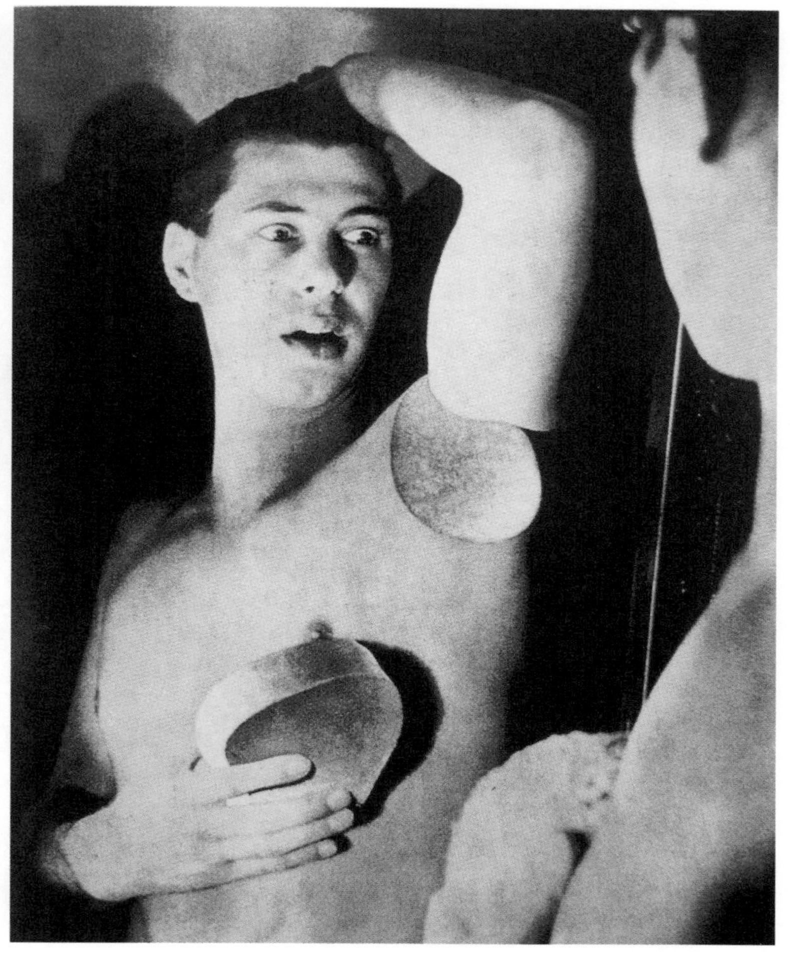

图2-12 哈伯特·巴耶，《自画像》，1932年

第二节 数字影像观念化的创作语法

一、拼贴

拼贴手法最初是毕加索在立体主义时期提出的，其绘画作品《静物与藤椅》（图 2–13）在画布上贴上了现成品，随后达达主义的照相蒙太奇、超现实主义的实物拼接也用这一手法进行创作，到了战后的集合主义，无论是绘画或是雕塑都利用现成材料进行拼贴，发展到波普艺术时期更是达到了极致。（图 2–14）

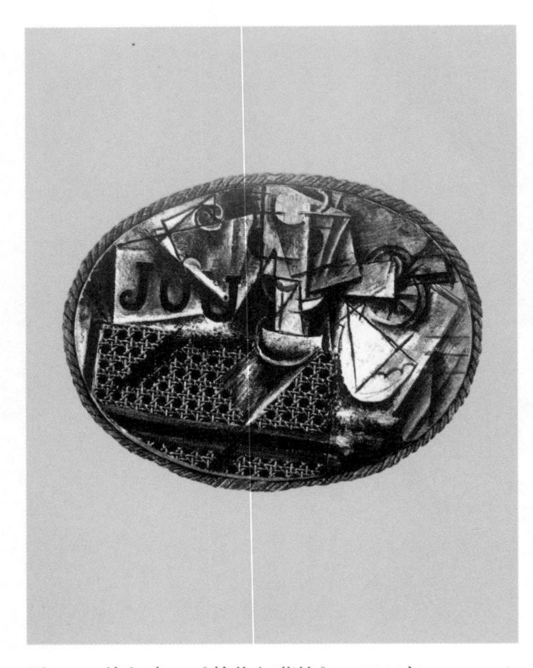

图2–13 毕加索，《静物与藤椅》，1911年

图2–14 奥·斯奇矣姆，《立体拼贴》，1919年

回顾摄影史，拼贴这一手段我们并不陌生。早期暗房合成技术实践的蒙太奇拼贴合成出貌似存在的影像，它所虚构的是“如实”的整体，用最真实的具象形象构造了最不真实的视觉空间。（图 2–15）当年的艺术摄影家们如奥斯卡·古斯塔夫·雷兰德、亨利·佩齐·罗宾逊都以制作合成照片为长。他们模仿绘画摆布景物进行局部拍摄，并运用多张底片在暗房进行拼贴，试图超越单张底片的表达能力。20 世纪二三十年代，欧洲的摄影家尤斯曼（Jerry N.Uelsman）（图 2–16）等，使用多次影像进行拼贴，制作技术精美、内容离奇而超现实的影像。但是，无论其模仿古典主义绘画抑或追求超现实主义美学的理想，暗房拼贴对于技术手段的要求是苛刻的。相纸拼贴同样显得直白和粗糙，它们远远没有当今数字化的软件那样快捷和不可思议。典型的利用相纸进行拼贴的艺术家大卫·霍克尼，擅长运用多视点、多重的时间对同一空间的同一对象拍摄一系列图片，并将它们进行拼贴，形成多重时空的美学（图 2–17）。我们来看运用现代的数字技术，这种多时空的时间表达又有了哪些可能。邱志杰的《挂历》这幅作品，面对同一空间对象进行不同时间的拍摄，为期一个月，然后进行拼贴制作成挂历。这幅作品体现了时间化的空间，即同一空间中不同的时间再现；作品《游园》（图 2–18）体现了空间化的时间，即同一时间里不同的空间再现，正是数字技术的发展和运用，给我们的创作带来诸多的可能性和广阔的空间。在如今数字艺术的时代，对于拼贴的各种理想，有了复原的技术性契机。对于图像与图像间意义空间上的语义关系，或是视觉空间上的貌似合理的真实尺度，它们都擅长打造。在真实的视觉材料与

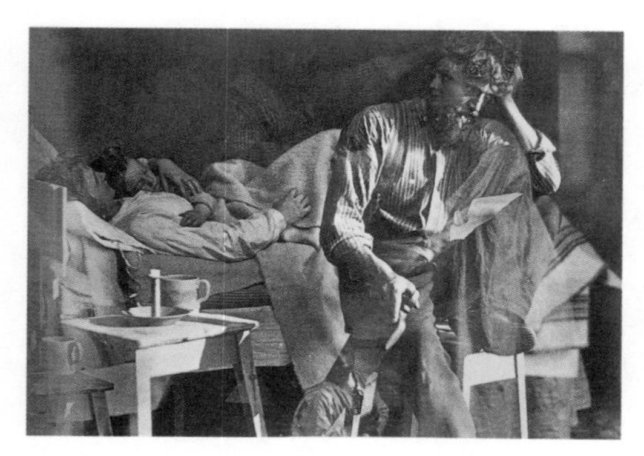

图2–15 奥斯卡·古斯塔夫·雷兰德，《艰难岁月》，1860年

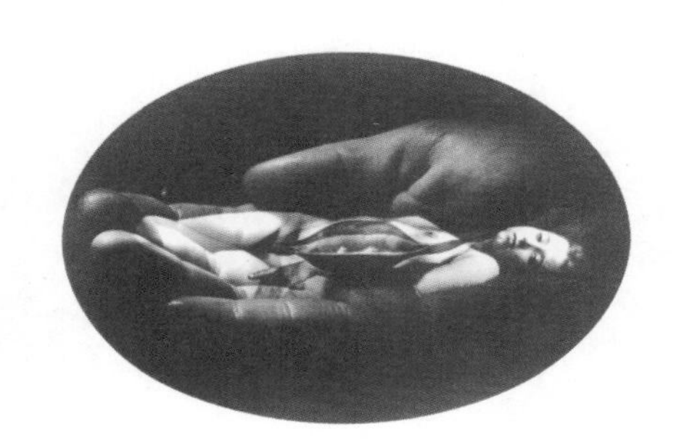

图2–16 杰里·尤斯曼，《无题》，1972年

图2–17 大卫·霍克尼，《我的母亲》，1982年

虚拟化的情境逻辑中游走，创造的图像不再给人呆板或是突兀，而是强烈的视觉快感和无限的可能性。

图2-18 赵莉，《游园》，2006年

二、挪用与解构

挪用指取艺术史中既有的图像资源，再结合新的图像与媒材进行再处理，寄予图像全新的意识形态因素，形成新作品的方法。

解构的思想源于后现代主义之父杜尚，指破除旧有的作品形式、语言情境和美学观点，将物件间原有的意义和关系破坏重组，使作品的意义介入一种全新的语境，并且呈现出一种不确定性、开放性的特征。

在后现代主义艺术的创作中，挪用与解构策略往往相辅相成，共同构建成为后现代主义的艺术特征之一。

从杜尚 1917 年挪用小便器到美术馆开始，集合艺术家不断对日常生活用品进行挪用，到了 60 年代的波普艺术更是将这种语汇加以发扬，挪用大众文化中的形象进行复制来创作作品。典型的艺术家是安迪·沃霍尔（Andy Warhol）。他挪用大众熟悉的形象，如可口可乐瓶子、坎贝

图2-19、2-20 安迪·沃霍尔，《玛丽莲·梦露》，1962年

尔汤罐头、玛丽莲·梦露等形象，并进行大量复制，挪用到一个新的平面上，原有形象的内涵被解构，而新的意义外延重组了原有内涵的空缺（图 2–19、2–20）。挪用作为后现代的一种创作手法，从现成品开始，发展到今天已经扩展到挪用其他艺术家的作品。

爱德华·金霍尔兹（Edward Kienholz）创作的综合装置作品《可携带的阵亡战士纪念碑》，其雕塑部分挪用了美国摄影家乔·罗森塔尔（Joe Rosenthal）的摄影作品《硫磺岛》，作品解构了原作固有的意义，产生了反讽的意图与效果。（图 2–21、2–22）

图2–21 乔·罗森塔尔，《硫磺岛》，1945年

图2–22 爱德华·金霍尔兹，《可携带的阵亡战士纪念碑》，1968年

图2-23 达·芬奇，《蒙娜丽莎》，约1503年

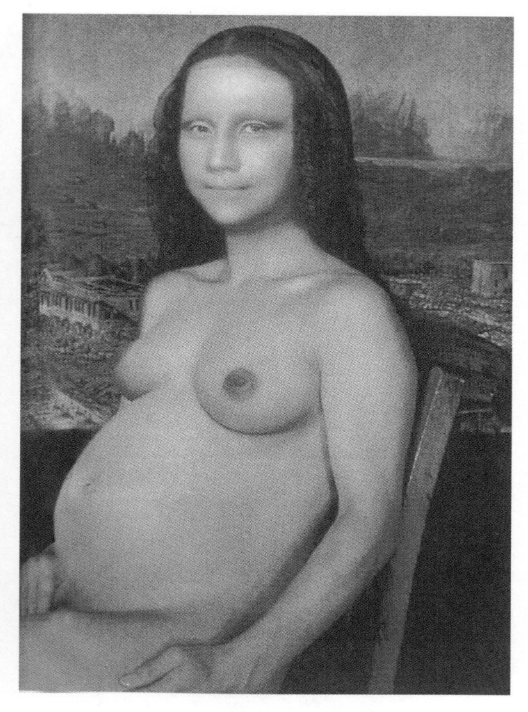

图2-24 森村泰昌，《蒙娜丽莎，第三空间》，1998年

日本艺术家森村泰昌(Yasumasa Morimura)运用自拍扮演许多西方世界油画名作中的形象，以重现艺术史上的名作而闻名，从梵·高和伦勃朗的画像到怀孕的蒙娜丽莎，他以东方男性的身份进入主流的西方艺术史，完全解构了原作的意义，模糊了摄影与绘画、真实与复制、男性与女性，以及历史与记忆之间的区分，使作品呈现一种不确定的意义空间。(图 2–23、2–24)

三、语言转换

提到观念化的创作语法，我们不得不提到格式塔心理学家提出的“知觉分类法”，这种方法意在打破以往对各种存在物科学的分类习惯，以表现性为标准对具有相同知觉结构特征的事物进行分类，如“燕子像剪刀似地掠过天空”这样的文学语言，是在燕子和剪刀之间找到了共同的结构特征，我们的思维训练应从这样的练习法入手：如果孤独和沙发有关系的话，沙发应具备什么样的条件？一张冰块质感的沙发利用的是孤独感和冷漠之间的合理性；一张被支在高柱之上的沙发，利用的是孤独感和无依靠感之间的合理性；沙漠中用沙子胶铸成的一张沙发，依赖的是孤独感和空旷空间的合理性。这种将文字语言转换为表现性艺术语言的方法，能够很好地被利用来表达我们的主观情感。

图 2-25 中，“伤害”和女性身份的联系如何体现？作者将“伤害”与仙人掌、天空之眼的视觉要素对应起来，女孩身份与女性私物和女性身体对应起来，从而展开叙事的表意。

图2-25 苏婷婷，《“伤害”——视知觉练习》，2010年

学生创作个案分析：

这组作品的概念来自于对网络虚拟世界的感受，作者突破了网络世界是虚假的面具世界的大众经验，她认为正是这个面具保护着我们，使我们愿意将现实中不愿展现出来的真我展现出来，现实世界里的各种规则的束缚，在网络这个虚拟世界中消融瓦解。在作品里，现实世界以“衣食住行”为符号，网络世界以“0”、“1”的二进制代码为特征。显示器作为一个中介，告诉我们在里面的虚拟世界中，现实环境的虚无和人物主体世界的真实。（图 2-26）

图2-26 陈儒娜，《二手现实》，2010年

《消逝的风景》这组作品是学生在杭州象山转塘镇上拍摄的。近年来转塘镇面临大幅度的拆迁，作为在此学习生活的目睹者，这位学生有着基于个人经验的深刻体会和伤感。在作品中，作者将拍摄的拆迁场景作为素材而不仅仅是纪实的客观再现，用一系列的视觉语言符号来表达这种深厚的人文关怀：一个封闭的鱼缸，他是在封闭的鱼缸和“珍藏”之间找到了共同的结构特征，利用这种视觉语言的转换，传达自己的内在情感。那些有生命痕迹的动物，如金鱼、小狗，有人类生存轨迹的飞机，以一切有情感生命的视角，观看着这种无常的变化。（图 2–27）

图2–27 刘振源，《消逝的风景》，2009年

图 2–28 这组作品表达的概念是“时间”。作者拍摄的人物肖像来自于对同一对象在相续时间内不同瞬间的影像捕捉。作者将这些微妙变化的五官表情，后期组合成一幅幅介于真实和虚幻之间的图像。这些影像可以被认为是同一对象在不同时间切片中的结合体，用影像记录并承载了真实的时间。正是运用了数字技术，作者的想法才能得以如此精准地实现。(图 2–28)

图2–28 肖蓓蕾，《时间》，2009年

这组作品来自于作者童话般的幻想，非常梦幻和超现实。鱼作为作者对童年遐想的符号大胆地出现在作者当前的生活空间中，而晦涩低沉的影调也透露着这种遐想和对过去的追忆以及和现实间的距离。（图 2–29）

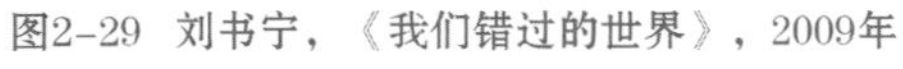

图2–29 刘书宁，《我们错过的世界》，2009年

《早熟》这组作品中，作者用客观的视角，从成人世界与儿童世界的关联和差异性出发，表达儿童渴望变得成熟稳健与天生渴望外面辽阔自由天地的冲动性。

画面通过上下两个世界（空间）来营造一个真实中的不真实世界。墙上的图绘、跳舞、降落伞，成为儿童精神面貌的视觉符号，这种图像的视觉心理带领我们进入作者铺垫的话语体系中。图像中借用后期手段达到的两个空间并置的特殊视角，轻松自由地将观众引入到作品的语境空间中。（图 2–30）

图2–30 毕耀木，《早熟》，2010年

第三节 数字影像的存在价值

一、建树健康的数字影像观念

综上所述，数字影像从诞生到发展至今，它不同的基因特征显现了创作观念的革新、观看方式的改变和独特的美学价值。在它的内在逻辑中，我们可见其与其他艺术媒介兼容的特质：它和传统摄影有着相同的影像外观，相同的输出打印之联系；和其他艺术如雕塑、建筑一样，能够进行独立而不依赖外物的造像；特别是与绘画，有着相同的思考方式和创造视觉形象的能力，在这样的粘连关系中，数字影像极大地开拓延展了艺术表现的工具性和自由表现能力，促使其生发出种种不可预料的可能性，成为自由的艺术。我们在把握数字手段这门工具时，要建树健康的数字影像观念，积极合理地从创作目的出发，从本体语言去思考，真正地做到“体”、“用”结合，不使它沦为恣意滥用、制造浅薄浮躁图像的工具。

二、存在现状与批评语系

数字技术正在延展摄影原有的概念，它已经成为一种创作手法，不管是利用数字技术去实现超现实的自我梦境，还是平面广告设计的时尚运用，甚至对新闻摄影的渗透……无不显现出这种技术所奠定的大众美学基础和其在当代视觉文化中的地位。如果从当代艺术的角度来分析，我们同样看到了广阔的可能性。当代的影像艺术开拓了多种多样的创作方法，如行为摆拍、情节摆拍、挪用摆拍，纪实观念、行为观念、抽象观念，类型学拍摄与无表情美学影像，私密影像与社会政治影像，等等。它们有的是在摄影之前展开工作，也有的发生在摄影之后，甚至是几个环节一并交织的过程。数字语言在其间扮演了举足轻重的角色，这种语言的功能化与现实性，与传统的以“物证”为依据的摄影不同，其思路更多地来自于艺术发展变化的脉络而不完全是摄影自身的变化，它在艺术史与摄影史的交织中寻求着定位，其逻辑完全是新的历史进步中的艺术变革趋势使然。因此，将它置入原有的摄影批评语系中，必然会招致种种的质疑和声讨。我们要有清醒的判断和分析定位能力，将数字影像作为后现代影像艺术谱系中的重要一员加以识别和弘扬，使之在当代图像世界和视觉文化的景观构成中，充分体现21世纪艺术创作与摄影观念的发展趋势。如果我们能从这样一个不同的层面和维度对数字影像进行思维和话语建构，将它提升为更加独立的一门艺术来探讨，那将能更好地显示其在当今影像艺术中的存在价值和意义。

第二部分　数字影像创作基础篇作业

一、数字影像实验作业

作业要求：

在实物扫描、CG 图像、DV 静帧、综合媒体四种手法中，选择相应手段进行影像的实践，寻找图像形成的多种可能性以及与输出媒介相结合的艺术效果的整体把握。输出尺寸不限。

作业数量：不同媒介的数字影像实践五幅。

建议课时：20 课时

二、数字手段的影像创作

作业要求：

在“时间”、“身份”、“问题”三个课题中选出自己最关注的课题，并通过图像去解决，呈交由多幅照片组成的“一件作品”，侧重作品艺术语言表达的准确性以及数字技术整个流程的合理把握与衔接。

作业步骤：

作品提案→草图讨论方案→灯位图→拍摄→后期制作→输出。

作业数量：不少于 4—6 幅

建议课时：80 课时

作业提示：

◎“时间”这个课题，我们将通过两个重点来进行思考：如何用影像来记录流逝的时间，即时间的影像化？如何运用数字技术将已有的表现手段加以突破？

◎“身份”这个课题，是希望同学发掘自己基于各种身份的个人生存经验，如性别的身份、单亲家庭子女的身份、失恋者的身份、孤独者的身份等等，关键是要突出“个人性”，通过个人叙事来解决这个问题。

◎“问题”这个课题，是希望同学对当下社会问题、生存现状等进行观察和反思，提出自己个人的观点和态度，并用数字影像来解决这个问题。

REFERENCES

参考文献

《摄影思想史》林路　著 浙江摄影出版社 2008 年 3 月

《世界当代摄影家告白》顾峥　编译 上海文艺出版社 2003 年 10 月

《摄影之后的摄影》邱志杰　著 中国人民大学出版社 2005 年 11 月

《数字摄影》刘灿国　著 浙江摄影出版社 2006 年 11 月

《数码图片后期处理流程》曾立人　著 浙江大学出版社 2006 年 10 月

《数码影像专业教程》刘宽新　著 人民邮电出版社 2008 年 1 月

《英国皇家艺术学院高等摄影教程》M・兰福德　著 中国摄影出版社 1999 年

《认识电影》(美)路易斯・贾内梯　著 焦雄屏　译 2007 年 11 月

《电影叙事学理论和实践》李显杰　著 中国电影出版社 2000 年 3 月

《后现代主义艺术系谱》上、下卷 岛子　著 重庆出版社 2001 年 5 月

《西方现代・后现代艺术》葛鹏仁　著 吉林美术出版社 2000 年 10 月

《后现代主义艺术 20 讲》马永建　著 上海社会科学院出版社 2006 年 1 月

《后现代的状况》(美)戴维・哈维　著 周宪、许钧　主编 商务印书馆 2003 年 11 月

POSTSCRIPT

后记

本书写到这里，我们沿着数字技术的实践流程，走到了数字摄影与新媒体艺术相互交融的非凡可能性之中。以光学媒介与电子媒介为基本语言的数字影像，作为本世纪以来重大的视觉革命的衍生物，在当代艺术中已成为不可或缺的主要的创作媒介之一。数字影像基础教程希望通过一种“体”、“用”结合的教学实践方式，让学生掌握和了解数字技术的内部语言与美学特征，并在当代艺术的上下文关系中尝试开拓视觉文化的疆域。

文中引用了许多国内外艺术家的作品，是他们在影像实践中的探索和成就赋予了本书更高的学术价值；也有一些我的学生的习作，因为他们的作品使本书更为丰富多彩，但是由于客观原因，个别多年前的习作已经无法考证具体的作者名字了。在此我对这些艺术家、影像实践者们表示由衷的谢意与歉意。

图书在版编目（CIP）数据
数字影像基础/赵莉 著，—上海：上海人民美术出版社，
2012.01
中国高等院校摄影专业系列教材
ISBN 978-7-5322-7544-1

Ⅰ.①数… Ⅱ.①赵… Ⅲ.①数字照相机-摄影技术-高等学校-教材 Ⅳ.①TB86

中国版本图书馆CIP数据核字（2011）第199817号

中国高等院校摄影专业系列教材
数字影像基础

主　　编：陈华沙
著　　者：赵　莉
策　　划：姚宏翔
统　　筹：丁　雯
责任编辑：姚宏翔
特约编辑：孙　铭
书籍设计：高秦艳　孙姝婕　左　骏
技术编辑：陆尧春　朱跃良
出版发行：上海人民美術出版社
（上海长乐路672弄33号　邮政编码：200040）
印　　刷：上海丽佳制版印刷有限公司
开　　本：787×1092　1/16　印张 9
版　　次：2012年1月第1版
印　　次：2012年1月第1次
书　　号：ISBN 978-7-5322-7544-1
定　　价：45.00元